综合材料艺术实验

赵兰涛　刘乐君　刘木森　编著

武汉理工大学出版社
Wuhan University of Technology Press

内 容 提 要

"综合材料艺术实验"是针对造型艺术活动中对综合材料的使用,使学生在艺术创作和设计中能自如地使用综合材料进行创作设计,解决造型艺术中材料形态、色彩、质感等要素组合搭配之后所产生的各种问题的一门课程。本书尝试通过材质的练习及对课题的发展设计来培养学生的创造性思维,帮助学生从生活中寻找创作灵感,同时重视实验及制作的过程,体现自己的艺术观念和对艺术的理解。

图书在版编目(CIP)数据

综合材料艺术实验/赵兰涛,刘乐君,刘木森编著.—武汉:武汉理工大学出版社,2008.8
(2023.8 重印)

ISBN 978-7-5629-2798-3

Ⅰ.①综⋯　Ⅱ.①赵⋯　②刘⋯　③刘⋯　Ⅲ.①材料-应用-艺术-设计-实验　Ⅳ.①J-33

中国版本图书馆 CIP 数据核字(2008)第 123835 号

项目负责人:田道全　鹿丽萍	责 任 编 辑:鹿丽萍
责 任 校 对:戴晓莺	装 帧 设 计:王歌林

出 版 发 行:武汉理工大学出版社
社　　　　址:武汉市洪山区珞狮路 122 号
邮　　　　编:430070
网　　　　址:http://www.wutp.com.cn
经　　　　销:各地新华书店
印　　　　刷:武汉市金港彩印有限公司
开　　　　本:889×1194　1/16
印　　　　张:6.5
字　　　　数:280 千字
版　　　　次:2008 年 8 月第 1 版
印　　　　次:2023 年 8 月第 10 次印刷
定　　　　价:45.00 元

高等学校艺术设计类专业规划教材
编审委员会

"设计"已成为现代一种涵盖极为广泛的创造概念。所谓设计,即人们根据需要,经过构思、谋划与创造,以最优的方式将构思向现实转化,并在创造过程中取得成果。作为一种创造性思维,设计广泛涉及人们生活的各个领域,"设计"表现的形式也极其丰富,而艺术设计,与一般的设计既有共同的特征,也有其自身的特点,它是综合科技、艺术理论和表达手段的综合性应用学科,在人类的精神和物质生活中起着重要的作用。

我们知道,培养一个优秀的设计师是一个漫长的过程。在短暂的四年学习过程中,使学生形成一定的设计意识、掌握一定的设计表现手段是十分关键的。从20世纪初包豪斯的现代设计教育体系、美国新设计教育的崛起至20世纪中期后工业社会的设计表现方法,为我国的设计艺术教育提供了很多可资借鉴的理论素材。同时,我们也需要总结、交流、分享我国设计艺术教育实践的经验,这就是我们编写"高等学校艺术设计类专业规划教材"的初衷。

本套系列教材的内容涉及艺术设计类学科的不同领域,介绍了基本的艺术理论、设计方法与设计手段,涵盖了平面设计、环境艺术设计、工业设计等专业方向。同时,本套教材还力求在挖掘艺术设计教学的共性特征与打造特色艺术设计文化、珍视艺术表现的地域特征方面实现统一,特别是吸纳了立足于我国千年瓷都景德镇陶瓷文化的陶瓷艺术设计、陶艺等学科内容。

本套教材的宗旨是针对设计艺术学、美术学的基础课程、专业基础课程和专业方向课程,深入浅出地分析、介绍国内外先进的设计艺术的基本原理、构成要素、表现形式与类型,强化学生的设计思维,陶冶学生的设计意识,使其在艺术设计实践中能很快形成新颖独特的设计理念。

本套教材第一期拟推出15种,主要包括:素描、色彩等基础课程教材;艺术概论、设计心理学等专业基础课程教材;家具设计、景观艺术设计、陶艺手工成型等环境艺术设计、陶瓷艺术设计的专业方向课程教材。

我们在考察国内外的设计教育、设计思潮、设计方法或我们的精神活动的时候,首先呈现在我们面前的是一幅由种种联系相互作用、无穷无尽交织起来的景象,其中没有一种方法、一种模式是一成不变的,一切都在运动变化中走向融会贯通,一切都在发展创新中走向充盈完美。

因此,我们衷心希望"高等学校艺术设计类专业规划教材"能够随着我国高等学校艺术设计教育的发展不断完善,为打造更多的艺术设计人才作出贡献!

宁　钢　教授

景 德 镇 陶 瓷 学 院

设计艺术学院教学院长

2006 年 6 月

综合材料艺术实验

前言

　　高等美术教育包含两个方面的内容:一方面是技能的承袭和创造,这可以说是我国当前高等美术教育的主要内容。另一方面则是一种开放性艺术创造思维的培养,在学习艺术规律性技能的同时获得思维的解放,在获得思维解放的同时获得空前的创造力。然而由于众所周知的原因,我们现代的美术教育一直都是"重技而轻艺",我们现在需要做的是,一方面将一些传统的技能、技法性课程进行系统化、当代化的转换,另一方面用具体的课程设置来将艺术创新思维、设计理念这些精华因素由"虚"而"实",将对学生这方面的培养融入日常的课程教学当中。

　　综合材料艺术实验课程就是为适应新形势下的教学需要和人才培养需要调整开设的一门新课程,在此课程开始之前,一直沿用平面、色彩、立体构成的课程设置模式,在具体的课程教学实施过程中逐步发现传统的三大构成基础课程,特别是立体构成课程已不再完全适应纯艺术类专业的教学需要。立体构成是德国包豪斯学校现代工业设计课程的一部分,随着工业设计在20世纪的迅速发展而在全世界推广开来,它与平面构成、色彩构成一起,成为设计专业的基础课。它的主要目的是培养设计师由平面向立体、三维空间思维的转换能力,主要分为线材、面材及块材构成三大块,它更加侧重于一种循序渐进的、严谨理性的设计思维模式培养,而对一些纯艺术专业所需的发散性艺术思维模式的培养则远远不够。而无论是设计活动,还是艺术创作,这两方面的能力都是必需且同等重要的。如今一些设计性较强的专业如工业设计、环艺设计、平面设计、多媒体设计等专业为适应现代设计发展的需要,都开始更加侧重于对学生发散性艺术思维的培养,显然传统的立体构成的课程内容设置已不再适应这样的人才培养需要,课程的更新转换迫在眉睫。当前各个美术院校相继开设了综合材料艺术实验类课程,并开始准备建立相应的工艺实验室,但平实、严谨、资料丰富、具有引导意义的教材编写还比较少见,本书即是我们承担综合材料艺术实验课程研究及教学四年来的一个总结,希望能对当前的材料艺术实验性课程的研究以及教学有所帮助。

　　全书内容共分5章。第1章感知材料,主要就材料的概念、分类以及材料的一些感觉特性进行分析。第2章艺术与材料,主要论述了材料的应用发展历史,主要对艺术发展进程当中对材料的运用进行探讨,侧重于对现代艺术出现之后各种材料的使用进行分析。第3章重视材料,主要讨论常用艺术材料特征分析以及常用的各种加工方法。第4章课题实验,是本书的重点,将分别对四年来综合材料艺术实验课程教学当中所做的课题进行阐述,并结合学生的具体作业进行分析说明。第5章课程随笔,主要撰写本课程的教学思路、教学过程以及我们的一些教学体会。

　　本书主要是为改变纯艺术类及设计艺术类专业综合材料艺术实验课程基础教学研究及教材的缺乏而编写的,可以作为艺术类及艺术设计类专业的教材或参考书使用。

编者

2008.5

CONTENTS
目录

1 感知材料

1.1 什么是材料

　　正如宇宙是由物质元素构成的一样，一切的人造物都是由一定量的材料所组成的，材料是人类活动的基本物质条件。那么什么是材料呢？材料其实就是人类用来制造产品和工具的物质。莫里斯·科恩在为《材料科学与材料工程基础》一书所作的序言中写道："我们周围到处都是材料，它们不仅存在于我们的现实生活中，而且也扎根于我们的文化和思想领域"。事实上材料与人类的发展有密切的关系。在中国古代就有所谓"物曲有利"的说法，即将各种物质材料，改变其形、偏重其利、制成器物，也就是侧重于利用材料本身的利弊优缺，进行器物的创造。材料从某些方面来说似乎决定着历史，历史学家们有时把人类社会发展的各个阶段用不同的材料来表示，这一方面说明材料的发展对于人类文明形成的重大贡献和价值，它表明了一种新材料的出现无疑代表了人类的一种新文明。另一方面，它也说明人类使用和发明材料也相应经过了一个循序渐进的阶段，从石器到陶器，从陶器到青铜器，从青铜器到铁器，从铁器到如今的各种复合材料、高分子材料等（见图 1-1～图 1-3）。就人类文明的各个发展阶段而言，各个特定历史时期的人类造物都展示了人类由低级到高级、由简单到复杂的发展历程，映射着某个特定历史

图 1-1　白水晶晶簇

图 1-2　玻璃材料艺术作品

图 1-3　应用于建筑的石材

图1-4 不同的颗粒材料

时期的经济、文化和社会生活方式,更体现了新材料、新技术和新工艺的发展水平。正是材料的发现、发明和使用,才使人类在与自然界的斗争当中走出混沌蒙昧的时代,发展到科学技术高度发达的今天。

科学技术的发展使人们对材料的概念不断发生变化。早期的材料大多是以自然物为主的原始材料,在18世纪中期工业革命之后,出现了复合材料与高分子材料,从根本上改变了人们对材料的直观感觉和体验,人们感觉脆弱的材料实际具有很高的强度,感觉笨重的材料却具有很小的质量,人们对材料的认识发生了根本的改变,从对材料的表面肤浅的认识进入一种微观深入的理解。

1.2 材料的分类

世界各国对材料的分类不尽相同,我们大致介绍以下两种分类方法:

1.2.1 第一种分类方法:历史分类法

1980年前后,日本的材料学家岛村昭冶提出将材料的发展历史划分为五个时代:

● 第一代的天然材料:不对自然状态物质性状加以改变,或只有少量加工而得到的材料。如石器时代的木、竹、皮毛、布、石头、骨质等。

● 第二代的加工材料:利用天然材料经不同程度的加工而得到的材料。如纸张、水泥、陶瓷、青铜、铁、玻璃等。

● 第三代的合成材料:利用化学合成方法将石油、天然气、煤等矿物资源加工制造而得到的一些新材料。如塑料、合成纤维、橡胶等。

● 第四代的复合材料:利用有机、无机材料以及金属等材料复合而成的材料。

● 第五代的智能材料:随环境条件的变化而具有应变能力的材料,开始于20世纪40年代,代表了未来材料发展的方向。

1.2.2 第二种分类方法:形态分类法

材料的形态千变万化,按这些形态可以分为以下四种:

● 颗粒材料:主要是指颗粒或粉末状的细小形状材料(见图1-4)。

● 线状材料:钢丝、钢管、塑料管、木条、绳子、线、竹条、藤条等(见图1-5、图1-6)。

● 板状材料:包括金属板、木板、塑料板、布、皮革、玻璃板、纸板等(见图1-7~图1-9)。

● 块状材料:木材、石块、混凝土、石膏、油泥等呈块状出现的材料(见图1-10、图1-11)。

以上分类的种种材质都具有相应的理化特征,包括材料的密度、力学性能、热学性能、磁性能及一些化学性能等。在艺术创作当中使用具体的材料时,要注意在对材料特性的发扬和挖掘上,扬其长,避其短,充分发挥所使用材料的特有属性,其实这也是我们选择具体材料的主要依据之一。

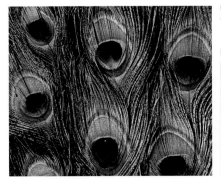

图1-5 不同的线状材料

图1-6 线状材料铁丝构成的艺术作品　　　图1-7 板状材料——木板　　　图1-8 板状材料——皮革

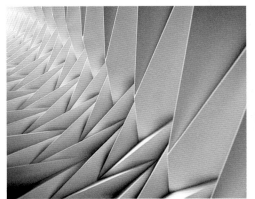

图1-9 板状材料——纸板　　　图1-10 块状材料——石块　　　图1-11 块状材料——原木

1.3　材料的感觉特征

　　现代艺术的发展使材料的使用不再有限制,几乎任何一种材料都可以作为艺术创作的介质,那么对材料感觉特性的认识和研究就显得尤为必要,这也是我们选择艺术材料的前提和保证。早在1919年成立的德国包豪斯学院就十分重视对材料及其质感的练习和研究,师生们意识到材料的特性、功能等仅靠概念来理解是远远不够的,而应该通过对各种不同材料的研究和练习来深化对材料本质的认识、来发现材料的独特性质。该院的伊顿曾经说过:"当学生们陆续发现可以利用的各种材料时,他们就更加能创造具有独特材质感的作品,通过这种实际练习后,学生们认识到周围的世界实在是充满了各种表情的质感环境,同时领悟到了若不经过材质的感觉训练,就不能正确地把握材质应用的重要性。"

图 1-12 红木的自然色彩

图 1-13 树皮的自然色彩

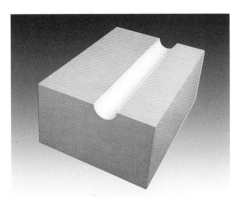

图 1-14 经过喷漆的雕塑作品

1.3.1 材料感觉特性的概念

材料的感觉特性又称为材料质感,是人的感觉系统因生理刺激对材料作出的生理和心理反应,是人通过知觉系统从材料表面特征得出的信息及对材料产生的综合印象。因此材料的感觉特性包括两个基本属性,即物理属性和心理属性。

物理属性:材料的表面特征所传达给人的感觉系统的信息。主要包括色彩、肌理、形态、质地等方面,这也是材料最为吸引人的方面,在作品的外在形式感表现上主要是靠所选择材料的物理属性。

心理属性:材料的物理属性及人对材料的固有认识投射到人的心理后所造成的人对材料的心理感受。如粗犷与细腻,温暖与冰冷,浑厚与单薄,沉重与轻巧,坚硬与柔软,干涩与滑润,粗俗与典雅等基本感觉特性。

下面我们将对材料本身所具有的物理美感以及给人所带来的心理美感进行分析和阐述。

1.3.2 材料的物理美感

美感主要是指人们通过感官接触事物时所产生的一种愉悦的心理状态,是人对美的事物的认识、欣赏和评价。材料的物理美感主要体现在色彩、形态、质地、肌理等方面。

1. 材料的色彩美

色彩是最富感性和冲击力的视觉元素,但色彩必须依附于材料这个载体,同时色彩又有衬托材料质感的作用。材料的色彩可以分为自然色彩和人为色彩两种,并且色彩又有固有的心理属性,它可以带给人不同的心理感受,同时具有象征性,充分认识和发现色彩的这些属性对于材料艺术创作来说是十分必要的。

自然色彩是材料天然形成的表面色彩效果,也是人对材料所固有的色彩认知。在创作当中必须发挥材料固有的色彩美感属性,而不能削弱和影响材料色彩美感功能的发挥,应运用对比、点缀等相应的加工方法和艺术手段来加强材料固有色彩的美感功能,丰富其表现力(见图 1-12、图 1-13)。人为色彩则指根据作品的装饰色彩需要,对材料进行着色处理,覆盖或强化材料的自然色彩(见图 1-14)。在进行这样的处理时,材质的自然美感与人为的色彩处理之间就具有了矛盾。我们认为应该通过人为的色彩处理去深化材料本身的自然美感,而不能经过人为的色彩处理之后,就丧失了材料的本来面目,这样就与当初的材料选择背道而驰了。

(1) 色彩的心理感受

色彩可以带给人不同的生理和心理感受,当然这种感受在不同的个体之间或许会有所差异,但基本上是一致的。比如:红色可以使人在视觉上产生一种临近感和扩张感,红色的效果富于刺激性,给人以活泼、激动、温暖的心理感觉,但长时间处于鲜艳醒目的红色环境中,则会使人血压升高,脉搏加快。而蓝色、绿色则恰好相反,它可以使居于其中的人安静,能起到缓解疲劳的作用,这些作用均由我们的感官感知并导致我们内心的各种情感活动。事实上,色彩由生理作用转化为心理作用时，又会产生生理上的变化，所以这种作用因素在生理和心理之间是交叉进行的。此外，色彩的心理作用发生在不同的层次中，不同的社会、不同的时代、不同的民族及地区都会有不同的个体心理差异。虽然有这么多的差异，色彩的外在表现特性对大多数人来说又有共性，如代表四季变化的几种色彩(见图1-15~图1-18)，虽因人的个性和其他差异使色彩感觉有所不同，但色彩所产生的客观气氛是共同的。如春天是万物更新的季节，给人以生机勃勃的感觉，明度和纯度较高的黄绿色、粉红色是大多数人所认为的春天所特有的色调。夏天是植物生长旺盛的季节，各种植物都郁郁葱葱，充满活力，各种深浅不一的绿色以及强烈的光影对比构成了夏日的特色，深绿、草绿、大红等色是夏天的主色调。秋天则是收获的季节，金灿灿的庄稼，蓝蓝的天空，红色、橙色及黄色的果实构成了人们对秋天的普遍了解。在色彩上宜采用黄色、橙色、红色来构成秋天的主色调。冬天万物沉寂，大地为冰雪所覆盖，呈现出一片银灰色的世界，低纯度及明度的蓝色、白色和浅灰色是大多数人所认为的冬天所特有的色调。在这里只举这样一个很简单的色彩例子，实际上色彩的搭配还可以在其他的方面使大多数人产生几乎同样的心理变化和想象。

(2) 色彩的象征意义

由于自然界中某些固有色彩在人心里的投射以及固定人群对色彩理解的共性，使色彩具有强烈的象征意义，而艺术作品的象征性一直是重要的艺术表现语言之一，色彩毫无疑问也是这其中的一部分。

人类在远古时代的图腾社会文化中，没有进行有关色彩问题的专门论述，但色彩在世界各地的图腾纹饰当中表现出了极大的象征意义。比如，古代巴比伦城中有一座七星坛的建筑物，是用来奉祀日神、月神、水、火、金、木、土的。据说第一层是黑色的，用来奉祀土星；第二层是橙色的，用来奉祀木星；第三层是红色的，用来奉祀火星；第四层是黄色的，用来奉祀日神；第五层是绿色的，用来奉祀金星；第六层是蓝色的，用来奉祀水星；第七层是白色的，用来奉祀月神。而巧合的是在我国古代也有用不同的色彩来象征方位的例证。我国传统的阴阳五行也有其相对应的色彩：木对应的是青、碧、绿色系列；火对应的是红色、橙色系列；土对应的是黄色、土黄色系列；金对应的是白色、乳白色系列；水对应的是黑色、深蓝色系列。上到朝廷的庙堂建筑，下到民间的婚丧嫁娶，其用色无不按此行事，这种色彩的固定形式直到今天我们也没有完全脱离。红色是喜庆的象征，新婚喜庆的日子贴红色喜字，新年披红挂彩，红对

图1-15 春

图1-16 夏

图1-17 秋

图1-18 冬

图1-19 剪纸作品 清

图1-20 喜庆的剪纸作品

图1-21 带有色彩寓意的民间玩具作品

图1-22 代表皇帝身份的明黄色朝袍 清

联、红蜡烛、红窗花等皆可以给人以喜气洋洋之感（见图1-19~图1-21）。而黄色在东方是尊贵的象征，象征着权力，天子的衣服称"黄袍"（见图1-22），出入的门称"黄门"等。绿色象征和平，绿色的大自然只有在和平的环境中才存在，联合国的旗帜使用的就是绿色。白色是神圣、纯洁无瑕之色，基督教中的上帝和天使都是白色装束，新娘的白色婚纱也象征着爱情的纯洁。黑色则象征着庄重和肃穆，同时也是死亡的象征。

以上所做的各种色彩的象征性分析，说明了色彩除表象之外所蕴涵的魅力，这种魅力的体现在我们进行综合材料艺术实验的时候无疑是十分重要的。

2. 材料的质地美

材料的质地美是材料本身固有特征所引起的一种赏心悦目的心理综合感受，具有较强的个人感情色彩，它是通过人的视觉和触觉直接感受的，质地的美是沉静而朴质的。

材料的质地是材料内在的本质特征，主要是由材料自身的结构组成、理化特征来体现，主要表现为材料的软硬、轻重、冷暖、干湿和粗细等。不同的材料具有不同的理化性质，其所表现出来的质地美肯定也有所不同。比如一般木材给人的质地感觉是纹理明晰的、光泽含蓄质朴的、具有温暖感的形象；而不锈钢给人的感觉则是质地冰冷的、表面有强烈反光的材料。同时，未经人类加工的天然材料质地和已经被加工过的人工材料质地之间又有明显的区别，如一块天然的大理石的质地感觉是粗糙的、拙烁的，而经过切割、打磨、抛光之后的大理石则与天然石材之间显现出不同的质地美感，这种天然质地与人工质地之间的对比关系处理在具体的艺术创作中也是十分重要的（见图1-23、图1-24）。还有一点要指出的是，各种材料之间无须相互仿效，应相对保持质地基本特征的清晰，尽量发挥其他材料难以替代的独特个性，这是在任何造型艺术当中体现质地美的要求。

3. 材料的肌理美

肌理是指造型材料的表面组织结构、形态和纹理等所传递的审美体验，可以在视觉或触觉上感到的一种表面材质效果。肌理是不同材料质感的最主要特征，任何材料表面都有其特定的肌理形态，不同的肌理具有不同的审美品格和个性，会对人的心理反应产生不同的影响，有的材料表面肌理粗糙、厚重，具有杂乱的纹理。有的材料表面肌理则光滑而轻盈，即使是同一种材料，不同的加工方法和艺术处理方法也会产生不同的肌理变化，这些肌理变化是艺术创作中材料对比关系获取的重要手段（见图1-25）。

根据材料表面形态的构造特征，材料的肌理可以分为天然肌理和人工肌理两种。天然肌理是材料本身所固有的肌理特征，它指的是天然材料的自然形态肌理（如石头表面纹理，水纹等）；人工肌理则指的是由于材料表面的加工工艺所形成的人为肌理特征，是材料自身非固有的肌理形式，通常是运用各种工艺手段改变材料原有的表面材质特征而形成一种新的材质表面特征。

根据材料表面形态的构造特征以及给人知觉方面的某种感受，肌理可以分为视觉肌理和触觉肌理。通过视觉得到的肌理感受，是无须手摸就可以感受到的，如

图 1-23　粗糙与光滑并存的大理石雕刻作品

图 1-24　文艺复兴时期的作品

图 1-25　各种肌理效果

图 1-26 Steven Weinberg 玻璃作品

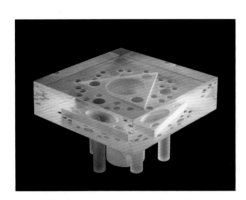

图 1-27 Steven Weinberg 玻璃作品

图 1-28 玻璃作品

木材、石头表面的肌理;而必须通过肌体接触才能感知的肌理,如某些仿制天然材质的人工合成材料的表面肌理等,被称之为触觉肌理。

材料的肌理效果一般表现为以下几个方面:

一是形状效果,可运用渐变、重复、特异、对比、空间错位等方法来营造肌理主体效果和表面变化。

二是光感效果,光感在视觉的明度阶梯中有较宽的范围,其表现的光影层次明亮丰富,尤其是金属、玻璃、不锈钢等材料,均能产生高光带和强烈的反光,促使视觉兴奋,激发华丽、流动、变幻的审美感受。

三是触觉纹理,触觉是人与物面摩擦接触时所产生的光滑、柔软、干湿、凉爽等感受。

四是视觉效果,可利用人们的视觉经验来制造材料表面的不同纹样或色彩变化以产生视觉张力。

4. 材料的光泽美

光泽美指的是人通过感觉材料表面的折射光线而产生的美感,实际上光泽美仍然属于肌理美或者质地美的一部分,这里我们把它单独列出来论述,主要是它相对来说比较特殊而已。光线是造就各种材料美的先决条件,材料离开了光,就不能充分显示出自身的美感,不同的材料表面可以通过对光的折射强度、角度和色彩产生影响而产生不同的视觉效果,从而使人通过视觉感受获得心理、生理方面的反应,引起某种情感,产生某种联想从而形成审美体验。通过对不同材料表面的不同加工与处理可以产生丰富多彩的光泽美感:细密而光亮的材料表面,反光强,给人以轻快、活泼和冰冷的视觉感受;平滑而亚光的质面,由于反射光弱,给人的感觉含蓄而安静;粗糙而无光的质面则使人感觉笨重而沉稳。

根据材料的反光特征可将材料分为透光材料和反光材料。

(1) 透光材料

透光材料受光后能被光线直接投射,呈透明或半透明状。这类材料常以反映其后的景物来削弱自身的特性,给人轻盈、明快和开阔的感觉。我们最熟悉的透光材料无疑是玻璃和一些有透光性能的塑料。如今,玻璃艺术已经发展成为一个独立的艺术门类,艺术家们利用玻璃晶莹透亮、冷峻坚固而且具有透光、折射、反射的特点,在艺术创作上使玻璃艺术达到变幻莫测、光怪陆离,产生令人难以预想的艺术效果(见图 1-26~ 图 1-28)。

(2) 反光材料

反光材料是指自身并不透光,而可以依靠自身光滑的表面来反映周围物象的材料。这种材料相对较多,如金属抛光面、抛光大理石面、釉面砖等。像不锈钢、大理石等反光材料在雕塑艺术中以及产品设计中的运用较多(见图 1-29、图 1-30)。

1.3.3 材料的心理美感

材料的心理美感是指材料的物理美感投射到人心里时人所产生的情感意识和印象,材料的心理美感与材料本身的组成和结构密切相关,不同的材料呈现着不同的感觉特性。

各种材料所呈现的感觉特性如下：

木材是自然、亲切、协调、手工、温暖、感性的（见图1-31）。

金属是人造、坚硬、沉重、光滑、理性、现代、科技、冷漠的。

玻璃是明亮、光滑、干净、精致、自由、高雅的。

塑料是人造、轻巧、细腻、艳丽、优雅、理性的。

陶瓷是高雅、明亮、整齐、精致的（见图1-32）。

皮革是柔软、感性、手工、厚重、温暖的（见图1-33）。

以上是人们对材料的通常感觉特性，而不同的成型加工工艺和表面处理也会使同一种材料带给人们不同的心理感受。如同一质地的花岗岩，不经任何加工处理的自然的花岗石，给人以朴实、亲切、自然、温暖的感觉；而经过抛光处理的花岗石则给人以华丽、活泼、冷静的感觉。

任何材料都充满了灵性，任何材料都在静默中表达自己，无论人们是有意还是无意，都在不知不觉中接纳它、感受它。材料自身充满了一种张力，这种隐藏着的内在力量，形成了材料的心理要素和美感要素。在实际的艺术创作中，不同材质的美感，能创造不同的材料表现组合，带给人不同的心理感受。

图1-29　能反射周围环境的不锈钢材料

图1-30　反射周围环境的镜子

图1-31　木材椅子设计作品

图1-32　赵兰涛　湖田边的荷塘　陶瓷材料

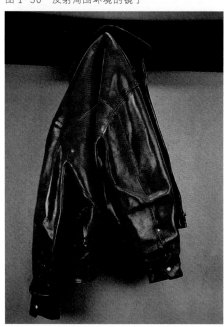

图1-33　皮革的表面效果

2 艺术与材料

2.1 材料与传统艺术

　　材料不仅仅是人类文明发展的物质基础,同时也是艺术家实现自己艺术创作价值的媒介。翻开中外艺术史,我们可以清晰地看到,不同时期艺术作品对于新材料的使用都有着鲜明的时代印记,这种印记与当时的社会发展和人文气氛是分不开的,从石器到陶器,从陶器到青铜器,从青铜器到铁器……浩若繁星的艺术作品构成了人类使用各种材料进行创作的长河。下面就让我们在这条长河里做一次愉快的畅游吧。

　　自第一个由树下地的猿人开始,人类就与材料结下了不解之缘。人类运用工具材料的历史可以上溯到250万年前的旧石器时代,当时人类的祖先为了生存、抵御猛兽的袭击和获取食物,逐渐学会了使用和加工木、石块等天然的材料,在这段漫长的历史时期,出现了一批人工打制的石器、石斧、石刀、石铲、石矢、石凿、石球等器物。它们是利用较硬的石头砍砸另一块较软的石头打击而成,所以又称为砍砸器或打制器,尽管其形状既不规则又不精致,加工十分粗糙,但却是当时人们所希望得到的材料加工形态,这是人类加工制作的第一种原始材料。正是使用这些打制石器和用它们制作的木棒等简陋的自然工具,人类才能做原先赤手空拳所不能够做到的事情,人类利用这些工具同大自然进行斗争,逐步改造了自然和人类本身,促进了身体和大脑的发展,增强了同自然进行斗争的能力。

　　大约一万年前,打制或磨制的更加精美的石器、陶器、骨器和玉器的出现标志着新石器时代的开始(见图2-1、图2-2)。随着对

图 2-1 埃及石器　古王国时期

图 2-2 埃及石器　古王国时期

火的掌握和使用，出现了用火烧制成的原始陶器。恩格斯在《论家庭、私有制和国家的起源》一书中写道："陶器的出现是由于在编织或木制的容器上涂上粘土使之能够耐火而产生的。"陶是人类文明制造的第一种人工合成材料。陶的出现，为保存、储藏粮食及水的汲取提供了可能，促进了定居农牧生活的发展，使人类文明往前跃进了一大步。这段时期的陶器，在中国有仰韶文化、龙山文化、大汶口文化等诸多彩陶类型，有彩陶、黑陶、白陶、红陶等多种表现形式，造型美观、纹饰精细、色彩华丽、种类繁多，是我国艺术发展史上的第一个高峰（见图2-3、图2-4），是对陶土这种新的艺术材料的成功运用。彩陶的原料即是普通的黄土，经过淘洗和陈腐制成，在一些较原始的陶器里面也有掺加砂质或稻壳等物质的。彩陶的发展初期使用纯粹的手工制作，在新石器时代的中晚期，由于制陶工艺技术的改进，开始使用轮制，用转盘对器物进行修整及矽光，这时的陶器规整度高，表面有时施有化妆土，并多加以彩绘，彩绘的颜料以红色和黑色居多，由于陶器胎质内氧化铁的含量相对较多，因此陶器在经过1000℃左右的烧制后多呈褐色或红色，具有十分动人的装饰效果。几乎与此同时，古代埃及人发明了另外一种新材料——玻璃。在美索不达米亚遗址当中出土的青色玻璃球，标志着人类已经学会玻璃制造。在中国，约从战国时代起，就已或多或少有玻璃的制造，当时人们用陶瓷罐对玻璃进行熔融，以捏塑或压制的方法来制作饰物和简单的器皿，这又是人类对材料应用的一个重大突破（见图2-5）。图2-6是隋朝的一件玻璃制品，在这个时期，不论是东方还是西方，角骨类制品和玉器制品都比较发达，出现了很多在现代人看来都不可思议的艺术作品（见图2-7、图2-8），特别是玉器制作，取得了一定的艺术成就。玉，现代矿物学区别为软玉和硬玉，具有"温、润、坚、密"四大优点，色彩柔和，赏心悦目，油润无燥，恰似肌肤，坚韧不脆，结构均衡。现在已经发现，新石器时代后期的仰韶文化、龙山文化及红山文化产生的大量的玉制器物，不是作为单纯的劳动工具，而是作为一种有诱人力量的装饰物品存在。当时的玉质，不外乎就是一些就地取材的角闪石和蛇纹石，这些"石之美者"一般硬度较低，当时尚无金属，琢磨玉器的工具只能是所谓的"他山之石"，即硬度高的有韧性的石材、骨、角等。器物多小型，且量少，新石器时代晚期琢玉的技术有了提高，出现了高而多节的玉琮。良诸文化还有刻有兽面纹和人面纹的玉器，红山文化中出现了最早的龙形器，这时的纹饰，有了模拟自然的花朵及动物形体，工艺主要是阴刻，镂空尚属初级阶段（见图2-9）。

图2-3 人面网纹盆 仰韶文化

图2-4 黑陶器 龙山文化

图2-5 玻璃珠 战国

图2-6 玻璃盖罐 隋

图2-7 玉琮 良诸文化

图 2-8 玉石 古埃及中王国时期

图 2-9 绿松石铜牌 二里头文化

我国历史进入夏商周之后,对金属材料的认识进入了一个新的阶段,在这个时期,我们勤劳的祖先创造了瑰丽的青铜艺术(见图 2-10、图 2-11)。青铜是指红铜加锡、铅之后的一种合金,因颜色灰青,故称青铜。青铜是人类所使用的第一种合金材料,制作青铜器必须经过炼矿、制范、熔铸、打磨等几个工序。《荀子·疆国》篇有"形范正,金锡美,工冶巧,火齐得"的记载,正说明了青铜器制造的几个条件。青铜在物理和化学性能上的优点较多,首先是熔点较低,比较容易掌握制造的过程;其次,造物的硬度相对较高,可以通过调节合金的比例来得到不同的金属硬度,这点在《考工记》中有详细的记载:"六分其金而锡居一,谓之钟鼎之齐;五分其金而锡居一,谓之斧斤之齐;四分其金而锡居一,谓之戈戟之齐。三分其金而锡居一,谓之大刃之齐;五分其金而锡居二,谓之消铁之齐;金锡半,谓之鉴燧之齐。"《考工记》所记载的铜锡比例,大体上符合或接近科学实验结论,这是我国古代冶金工艺的实践总结,充分体现了人类对新材料的把握和认知程度。在制作铸造青铜器时,值得一提的是使用了蜡模法,即用蜡作原料来制作青铜器的模型,这是较早时期对蜡这种材料的使用。在现代青铜雕塑的制作中,仍然经常使用这种方法。

当时的青铜器有烹饪器、食器、酒器、水器、兵器、乐器、工具等多种类型,其中最为人熟知的就是鼎。鼎是一种烹饪器,由陶鼎演化而来,一般有三足和双耳。鼎在古代不只是一种实用品,也是权力的象征。相传禹铸九鼎,以定九州,以后成为传国的重器。司母戊鼎是我国目前所知最大的一件青铜器,也是世界上少见的珍品。它于 1939 年在河南省安阳武官村出土,现陈列于中国历史博物馆。鼎呈长方形,四足双耳,在鼎身的四面饰有连续的浮雕兽面纹,中间则留有空白,里外无纹,具有很好的对比关系,四足呈圆锥状,足的上部也饰有高浮雕的兽面纹,鼎的两端口沿上有双耳,铸有两虎相向争食一人头的形象,耳侧面饰有鱼状纹饰。这个鼎气势雄伟,具有深厚、庄重、瑰丽的艺术风格,是艺术史上的一件珍品。

图 2-10 人面铜方鼎 商

图 2-11 铜卣 西周

在青铜器的装饰手法中，除了浮雕铸造、刻划等基本技法之外，还有镶嵌、鎏金和金银错等工艺，这些装饰方法都是对两种或两种以上综合材料的应用(见图2-12、图2-13)。镶嵌是在青铜器上嵌饰其他物质材料，如绿松石、红铜、金银丝之类。这是春秋战国时期较流行的装饰手法，春秋时期多用红铜镶嵌，使青铜的形体上出现红铜，形成色彩及肌理的对比关系，产生一种和谐的金属光泽感。在战国时期盛行的是"金银错"，则更具有富丽堂皇的艺术装饰效果，充分展现了材料艺术的魅力。

在这个时期，除了风格多样的青铜艺术之外，染织艺术及漆器艺术也开始出现并有较大的发展。春秋战国时期，农村种桑植麻、纺纱织造已经较为普遍，染织工艺迅速发展，当时最著名的要数齐鲁地区，所谓"齐纨"、"鲁缟"已具有很高的工艺价值和艺术价值。而战国时期的漆器具有胎体轻便、光泽美观、防潮防腐的优点，是人类掌握的又一种良好的艺术材料。我国古代的漆器，品种和装饰手法已非常多样（见图2-14、图2-15）。漆器的色彩一般是黑、红两色，这两种色彩的搭配，形成一种明快的对比关系，在朴素中呈现着华美。直到今天，黑色与红色的搭配仍然是诸多艺术作品采用的主体色调(见图2-16、图2-17)。其实，很多漆器的制作，本身就是一种综合材料艺术作品，当时的漆器器胎所选择的材质就非常多样，有木胎、竹胎、皮胎、夹纻等多种形式，往往最后用金属制成钮、耳、足等附件作为装饰，并且在装饰上也用贝壳、金银等镶嵌工艺。多种材料的综合运用，更增添了漆器本身的艺术魅力。

这时的工艺专著《考工记》提出了"天有时、地有气、工有巧、材有美，合其四者然后可以为良"的重要观点，这也是我国最早的关于工艺材料的专门著述。所谓天有时，可以认为是指时间的观念；所谓地有气，可以认为是指空间的观念；所谓工有巧，是指制作条件；所谓材有美，是指材料性能。这几个方面，其实也是我们现在进行材料艺术创作时所必须注意的几个重要因素。

接下来是漫长的封建社会时期，在春秋末期，人们开始冶炼铁器，从此铁器成为人们改造世界的主要材料，成为几千年来重要的生产工具，在材料发展史上又称之为铁器时代。在这个时期，各种对于自然材料的加工手段更加成熟，一些在青铜时代和陶器时代已经掌握和开始应用的材料在这段时期也得到了前所未有的发展，出现了新的面貌。

图2-12 金面铜像 商

图2-13 错金银犀牛 西汉

图2-14 竹雕漆勺 西汉

图2-15 栀子纹剔红盘 元

图2-16 现代漆艺作品之一

图2-17 现代漆艺作品之二

图 2-18 兵马俑 秦 陶

图 2-19 水亭 东汉 绿釉陶

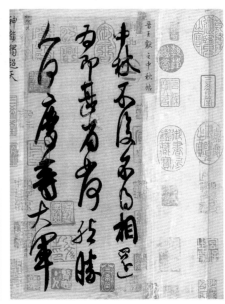
图 2-20 王献之书法 晋

秦汉两代,新材料与艺术之间的关系更加紧密。青铜艺术开始缓慢走向衰落,由生产工艺及制造成本相对简单、低廉的漆器和陶瓷器加以代替(见图 2-18)。四川蜀郡、广元的金银器和漆器是很有名的。1972 年在湖南长沙马王堆汉墓就出土了非常精美的漆器。此外,随着制陶工艺的发展,釉陶和瓷器开始发展成熟,当时的釉陶有黄、褐、黑、绿等多种颜色,色泽艳丽(见图 2-19)。其后,随着建筑营造和厚葬之风的盛行,出现了独特的瓦当艺术及画像砖、画像石艺术,大量的画像石、画像砖反映了汉代具体的社会生活,同时也是除建筑之外对石材这种材质的一种装饰应用,使我们看到了这一时期装饰艺术的风貌。

在这个时期,最值得一提的就是对人类文化传播产生了不可估量影响的新材料——纸的发明。在公元前 2 世纪的西汉,中国已发明了造纸术,通过对西汉纸的研究和现存传统造纸工艺的考察发现,汉代造纸的主要工艺流程为:① 浸沤,将原料切碎,用灰水浸泡,在碱的作用下纤维易于分解,还有漂白的作用;② 舂捣、碓打纤维使之形成"帚化"现象,增加纸的牢固程度;③ 洗涤,漂洗掉杂质和灰浆,增加纸张的洁白度;④ 打槽,纸浆放入加水的纸槽,用打槽的木棒将其打匀,使纸浆纤维漂浮在纸槽中;⑤ 抄纸,用抄纸模框在纸槽中将纸浆抄起,使纸浆均匀地滞留在抄纸模框上;⑥ 晒纸、揭纸。至此,一张植物纤维纸就制成了。中国造纸术的发明是人类文明史上的里程碑,纸张这一材质,使得人类文明的影响能够传承久远。直到今天,中国书法和水墨画仍借助传统宣纸浓墨重彩地渲染着,它是中国文化的重要组成部分(见图 2-20)。

与夏、商、周及秦汉相对应的大致是西方的古希腊罗马时期,古希腊人和古罗马人这个时期对石材的应用达到了高峰。当时的众多建筑与雕刻都采用石质材料作为创作的媒介(图 2-21、图 2-22)。最突出的代表即是雅典卫城建筑群,整个建筑体全部使用石材建造,耸立在高约 150 米的山崖上,地势险要陡峭,卫城各部分的建筑顺应山崖的不规则地形分布在山顶(见图 2-23)。其代表性建筑是献给雅典娜女神的巴底农神庙,神庙建立在一个长约 70 米、宽约 30 米的三级台基上,柱式采用了多利亚式,

图 2-21 维纳斯像 希腊 大理石

图 2-22 浮雕 希腊 大理石

石柱的高度约 10.5 米,东西三角楣有高浮雕装饰,檐壁也采用浮雕饰带。它结构匀称,比例合理,有丰富的韵律感和节奏感,建筑材料和建筑结构、装饰因素,内容和形式取得了高度的统一,是世界上最完美的建筑典范之一,不能不说是石材应用于建筑的奇迹(见图 2-24)。

图 2-23 巴底农神庙 大理石

古希腊人和古罗马人对材料发展史作出的另一个重大贡献是水泥的发明。水泥是无机材料中使用量最大,对人类生活影响最为显著的建筑材料和工程材料,也是雕塑与综合材料艺术创作中常用的艺术材料之一。早在 2000 多年前,古希腊人和古罗马人就用石灰和火山灰的混合物作为建筑的粘接固定材料,这是应用最早的水泥。今日,它已发展成庞大的家族,是建筑业的顶梁柱,具有石材不可替代的优越性。

图 2-24 巴底农神庙门楣 大理石

我国魏晋隋唐时期,石材艺术也取得了非凡的成就。其中最突出的就是龙门、云冈、麦积山等众多石窟雕刻的创造。唐代开凿的龙门奉先寺卢舍那大佛,为整体石材雕成,依山凿像。据唐碑记载,大佛通高 85 尺,两侧的迦叶、阿难、天王、力士等均超过 50 尺,其规格之大是空前的。艺术家在这里通过佛教典籍的阐述,创造了具有各种不同的理想化性格的形象:阿难文静温顺的外貌,菩萨端庄而矜持的表情,天王的严肃和力士的刚强暴烈,表现得生动有力。特别是天王脚下的地神的性格刻画得更为突出,艺术家把它塑造成一个不畏重压、不受奴役的反抗者,在这个形象上通过脊背的力量、微张的鼻孔、深沉怒视的双目使人感到伟大的人格力量,冰冷的石材在这里通过高超的艺术表现具有生命活力(见图 2-25)。几乎处于相同时期的敦煌莫高窟的泥质塑像同样也是人类艺术宝库中的瑰宝,这些泥质塑像,适应了甘肃地区特有的气候和地质条件,其突出的特点就是利用泥塑与色彩、壁画相结合而达到统一的效果。唐代洞窟多是在方室的正壁开一个龛,形如舞台的龛内,在参观者的视点以上塑造出一组不同类型的形象,色彩明朗华丽,彩塑背后的泥层加彩壁画与塑像结合在一起,形成空间的延续,壁侧多是供养人像,洞顶为华丽的藻井图案。虽然这些艺术形式的依托都是平凡的泥质材料,但仍熠熠生辉,艺术魅力历经千年而更加夺目(见图 2-26)。

与此时期相对应的是西方的中世纪,西方中世纪时期材料对艺术发展的影响主要体现在建筑方面。按时间的先后,这些石制建筑先后出现了拜占庭、罗马和哥特式三种建筑样式,拜占庭式的圣·索菲亚大教堂和哥特式的巴黎圣母院及圣德尼教堂都显示出人类对石质材料的使用达到了一个新的高度。在这个时期,另外一个综合材料艺术的突出成就是建筑镶嵌画。镶嵌画在拜占庭艺术中占有独特的地位,这种以小块彩色玻璃和石子镶嵌而成的装饰画,成为教堂内部装饰的主要形式。它最早出现于公元前 3000 年苏

图 2-25 龙门卢舍那大佛 唐 石

图 2-26 敦煌泥塑唐 粘土 木

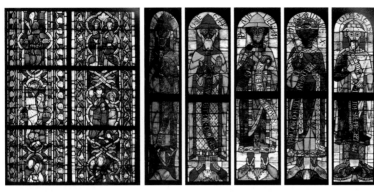

图2-27 玻璃镶嵌画 中世纪

图2-28 桂花纹剔红盒 南宋 漆器

图2-29 景泰蓝象耳炉 元

图2-31 象牙丝编织纨扇 清

图2-33 大阿福 清 泥塑

图2-30 青花釉里红盖罐 元 陶瓷

图2-32 犀角雕仙人乘槎 清

图2-34 雏鸡 玛瑙

图2-35 花丝银蓝 方扇 团扇

美尔人的艺术中,当时使用的是小块石膏,在古希腊、古罗马则使用大理石,中世纪拜占庭镶嵌画以玻璃为主要材料,玻璃片能反射出强烈的光彩,好像是小型的反射镜,排列在一起,形成一片非物质的闪光幕帘,达到一种宗教艺术所需要的虚无缥缈的效果,仿佛宣称这闪光中的一切是一个折射的天堂而不是人间的景象(见图2-27)。

隋唐后的宋元明清时期,材料艺术得到了充分的发展,金属、陶瓷、玻璃、石刻、角骨雕刻、珐琅、景泰蓝、木雕、树根、蚌壳、果核等,几乎包含了一切可以利用的材质,并形成相应的材料加工区,如无锡、天津的泥塑,东阳的木雕,嘉定的竹刻,芜湖的铁画,北京的雕漆,景德镇、德化的瓷塑等,都表明人们对艺术材料的认识达到了一个新的高度(见图2-28~图2-34)。值得一提的是景泰蓝的出现,这种工艺在元代由波斯传入云南,后经明代匠师融入传统的金属镶嵌工艺,并旁参陶瓷工艺,发展成为一种完全中国化的艺术门类,是金属材料艺术的一个杰出代表(见图2-35)。景泰蓝的制作方法分数步:先以铜材制胎,再用铜丝或者其他贵重金属如金丝、银丝等掐成花纹焊于胎上,故有掐丝之称,而后把各种珐琅釉料填嵌在花纹里,称为点蓝,入火烤烧,称为烧蓝,反复点、烧数次后加以打磨,才成为一件完整的艺术作品。故宫所藏的宣德铜胎掐丝珐琅三足炉,其掐丝之精细娴熟、釉色之鲜艳沉厚、打磨之细润光泽、镀金之平整无瑕,都显示了艺术家对这些材料高超的运用能力(见图2-36)。

材料艺术在此时期的新发展还充分体现在木建筑艺术和家具艺术方面。我国古代的建筑,大多

图 2-36 珐琅三足灯 清

图 2-37 应县木塔 辽

图 2-38 故宫太和殿内

是以木结构和木装饰为主的,这使人们对木材的特征有了娴熟的把握,很多建筑的榫接甚至都不采用钉子等金属附件。山西应县的佛宫寺释迦塔,是辽代建造的木质建筑,也是我国现存最古老的木塔,塔高 66.6 米,经历 900 多年的风霜和几次大地震,迄今仍然巍然屹立,充分显示了我国古代木制建筑的技术水平(见图 2-37)。明清时候的建筑,又一次形成我国古代木质建筑的高峰。这一时期的建筑,有不少完好地保存至今,最为突出的例子就是北京的故宫和苏州的园

图 2-39 黄花梨浮雕螭纹圈椅 明

图 2-40 黄花梨小书桌 明

林,两者都是我国木质结构建筑艺术的典范。其实对材料的综合使用,尤以建筑艺术为最,以故宫的三大殿为例,三大殿建筑在工字形三级白色大理石基座上,每层均环绕着汉白玉栏杆,饰满云龙雕刻,其中用于皇帝听政的太和殿最大,雕梁画栋,黄瓦红柱,金碧辉煌,殿前月台上置日晷、嘉量、铜龟、铜雀等,给人以端庄富丽的强烈印象(见图 2-38)。而最突出体现这一时期对木质材料把握能力的还是明代家具艺术。明代家具多以紫檀、红木、花梨、樟木、榆木等材料为主,特别注重木材的质地,所以又称为硬木家具。为充分体现木材的天然色泽和纹理而不加油漆,同时注意家具的造型,多采用直线,而边框连接处则用卷口,以表现出曲线的变化,形成直线和曲线的对比。它的艺术特色可以用四个字来进行概括,即简、厚、精、雅(见图 2-39、图 2-40)。"简"是指它造型洗练、不繁琐、不堆砌,"巧而得体,精而合宜";"厚"指的是其形象浑厚,具有肃穆、质朴的艺术效果;"精"是指它做工精细,对木材的加工合理准确,一线一面,曲直转折严谨准确,一丝不苟;"雅"是指其风格典雅,不落俗套,具有很高的艺术格调。清代家具中有很多都镶嵌其他材料,除传统嵌石、嵌螺钿的以外,嵌瓷板、嵌金属、嵌珐琅的家具也时有所见,这种对不同材料和工艺的应用,使其他材料与木材材料之间有了强烈的对比,整个装饰更显得异彩纷呈。

  与此时期相对应的是西方文艺复兴时期及 19 世纪现代艺术出现之前的时间。在此时期,西方的古典绘画、建筑、雕塑艺术等都取得了辉煌的成就(见图 2-41、图 2-42)。文艺复兴盛期的美术家进一步完善了 15 世纪文艺复兴初期意大利人的探索,使理性与情感、现实与理想在美术作品中获得了完美的统一,使形与空间的关系达到了高度和谐,为各种材料找到了艺术的栖身之所。如文艺复兴盛期米开朗琪罗的石雕作品,不同于充满深邃智慧的达·芬奇绘画,而以力量和气势见长,具有一种雄厚的英雄精神。米开朗琪罗早年的雕像《大卫》与达·芬奇的《蒙娜丽莎》一样,是西方美术史上最早为人们熟悉的不朽杰作,也是最鲜明地展示文艺复兴

图 2-42　女性大理石雕像　文艺复兴时期

图 2-41　圣母雕像　文艺复兴时期　大理石　铜管　　　　　　　　　　图 2-43　大卫像　文艺复兴时期　大理石

盛期意大利艺术特点的作品(见图 2-43)。在用一块久被弃置的名贵大理石材雕刻大卫形象时,米开朗琪罗真正体现了把生命从石头中释放出来的理想,以精湛的技巧、强烈的信心,雕出这尊完美的英雄巨像。当你在佛罗伦萨博物馆仰视这尊雕像的时候,你会感觉冰冷的石头仿佛有了生命的活力,它直指你的内心,使你感动得不能自已。

　　18 世纪的工业革命掀开了近代人们发现和使用新的建筑材料的序幕,值得注意的建筑材料有铁、玻璃和空心陶砖。自古以来,尽管间或有用铁、玻璃做建筑的例子,但只是在 19 世纪之后,建筑艺术中的铁、玻璃作为结构构件才变得相当普遍(见图 2-44、图 2-45)。全玻璃、全金属结构概念早在 1851 年帕克斯顿 1851 年为伦敦世界博览会所创作的水晶宫中得到了体现,这种类似温室建筑的结构形式反映出当时对新工业材料的创造和新的美学追求。

　　从此,材料的发展进入了一个新的时代。工业革命以后,出现了各种合成材料、半导体材料和塑料等。随着所谓基因材料、克隆材料和碳纳米管超级纤维材料的出现和运用,人们对材料的认识更为深入,这些新材料将为艺术的发展提供更多的选择。

图 2-44 现代建筑内部 玻璃 金属

图 2-45 现代建筑的内部广泛使用玻璃和金属材料

2.2 现代艺术与材料

　　现代艺术自诞生之日起就对新材料的使用产生了兴趣，材料被艺术家作为直接表现思想与观念的媒介，像近现代科技对现代艺术的影响一样，很多新材料的产生都直接影响到当时的艺术创作，一大批对当前综合材料艺术创作仍有相当启示意义的作品涌现出来。罗丹被称为"现代雕塑之父"，虽具有旷世奇才，却一生坎坷，就在困厄的环境中，罗丹创作了大量的青铜及大理石雕刻作品，其作品《思想者》传达出肌肉的表情，大块起伏造成丰富动人的明暗关系，宛如交响乐一般，而作品表达的主题更是使人沉醉(见图 2-46)。同时期的画家兼雕塑家罗索以及德加也创作了相当数量的综合材料作品，为现代艺术对材料使用的探索开拓了道路。罗索最得心应手的制作媒介是蜡，因为蜡能够做出微妙的过渡关系，以至要精确地指出雕塑作品中哪个地方是面部，哪个地方是躯体都很困难，形式已经溶化成形状、光感和质感都不确定的表面了。他率先研究了我们当代所做的实验性雕塑的各种特征(见图 2-47)。

　　19 世纪奥地利分离派的代表人物克里姆特在研究拜占庭式装饰镶嵌画的基础上，形成了一种独特的综合材料装饰形式。他在布鲁塞尔为斯托克尔宫所做的壁画是现代艺术史上的重要作品之一，采用了玻璃、马赛克、珐琅、金属甚至宝石等多种材质，把人物设想成一种平面图案(除手和头以外)，整体都是布满展厅的螺旋形纹饰，各种材料的不同色泽和肌理之间被整体统一的褐黄色调笼罩着，统一之中又有强烈的变化，有很好的装饰效果(见图 2-48)。这种在平面绘画中采用多种材质的表现方法也启示了以后的画家。如今，这种综合材料绘画已经成为一种重要的表达形式。

　　现代主义的代表人物马蒂斯、毕加索和高更也对综合材料在创作中的应用作了大量的探索。毕加索和他的立体主义伙伴勃拉克都热衷于拼贴作画。早在

图 2-46 思想者 青铜 罗丹

图 2-47 印书商 石膏蜡 罗索

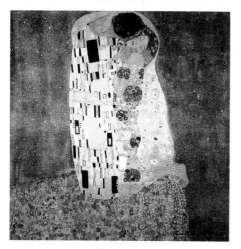

图 2-48 克里姆特作品 金箔 珐琅

图 2-49 吉他 金属 毕加索

1908 年,毕加索就把一张小纸片贴在一张素描的中心,把视觉现实主义的要素不断插入抽象的立体绘画当中去,甚至直接使用了餐馆的菜单和报纸等,这样的形式在当时无疑是使人感到新奇的。1912 年,毕加索还用金属片和金属线制作了一件名为《吉他》的雕塑作品(见图 2-49),开拓了雕塑空间和抽象图案的新概念,揭示了不同材料在雕塑和绘画中应用的潜力。在另一幅综合材料拼贴作品《藤椅上的静物》中,毕加索往画上粘贴了一块预先画好破藤椅网状图案的油布,又以一段长绳作为外围的框架,采用立体主义的表现方法绘制椅面上的静物,这种采用粘贴画和附加实物的方法使绘画发生了革命。多种材料拼贴的采用,标志着立体主义的第一个阶段,这些作品,破除和捣毁了传统绘画作品里的平面和色彩变化,打破了原有的三维空间感受和题材内容,模糊了绘画与实物的区别,也模糊绘画与雕塑的界限,产生出视觉的、象征性的新概念。

除了在平面形式上进行综合材料的探索之外,毕加索还在雕塑方面发挥了其对不同材料娴熟驾驭的才能。作品《苦艾酒杯》创作于 1914 年,以银和青铜材料制成,并绘以六种不同的颜色,这种方式使其后来的雕塑和 20 世纪后其他雕塑形成了一种风格,并有了其立体主义的追随者(见图 2-50)。立体主义雕塑的重要代表阿基本科和普希茨都是综合材料艺术雕塑的开拓者,他们利用木材、玻璃、金属、石膏等材料来制作雕塑,把雕塑看成是组合空间的构成,而不是传统的组织体量,这是十分重要的。这种创作模式,一直沿用,在五六十年代的废品雕塑和波普艺术中达到了高峰。毕加索的雕塑作品《公牛头》则直接以现成品自行车座和把手组合而成,现成物体直接被当成艺术材质而运用于现代艺术(见图 2-51)。在这里,现代艺术的材料选择变得更为宽泛了。另一位现代艺术的大师杜尚则把一件陶瓷小便池制品直接搬到了展览会,并取名为《泉》(见图 2-52),引起了轰动和热烈的争论:什么是艺术品?平时不屑一顾的用具,放到展览会上说它是艺术,它就是艺术。杜尚以这种近似蛮横、不讲理的想法和行为,表达了他的观念。把生活中的日用品变成展品,是对艺术品的新界定,同时也是现代艺术对材料的新界定。

布朗库西想方设法来表现材料的本性,他诸多的大理石及青铜作品,达到了罕见的完美程度,同时,他又把这种抛光的形体放在粗糙的石座上,或者放在随便砍下的树桩上,材料之间的对比关系在这里得到高度的深化(见图 2-53)。

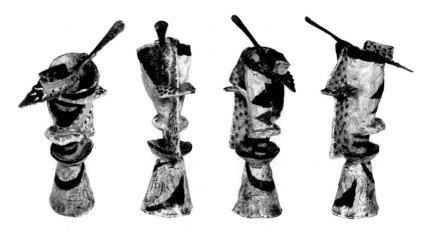

图 2-50 苦艾酒杯 铜 银 毕加索

20世纪雕塑艺术所发展起来的具有重大意义的新概念之一就是构成。雕塑从其发展伊始，就是从固定的单一材料——或石或木或泥或蜡中应用各种技法创造形式的过程，这种认识强调雕塑是一种体量的艺术，而不是空间的艺术。即使是在古希腊、古罗马这样注重雕塑空间感的时期，雕琢造型人物的体量仍然占主导地位，而立体主义绘画和雕塑的先驱们已经为构成主义雕塑的产生做好了准备，对各种材料进行综合使用的构成雕塑终于在20世纪初产生，他们推翻了传统的大理石雕刻模式和塑造、翻模、铸青铜的模式而代之以木头、金属、玻璃、塑料、石膏及其他材料掺杂而成的作品。构成主义最重要的实践者就是加波。加波1923年创作的作品《柱子》试图通过构成雕塑来寻找建筑表现的形式。用塑料片、木头和金属组成的这件作品，深入地探索了使用新材料的可能性（见图2-54）。他的另外一件作品《线构成——变化》使用绷紧的塑料绳网连接到塑料薄板的框架上，在这个结构中，体现了雕塑中前所未有的透明的亲和感和轻盈感。加波的作品很快就对达达主义雕塑和60年代的废品雕塑产生了影响。

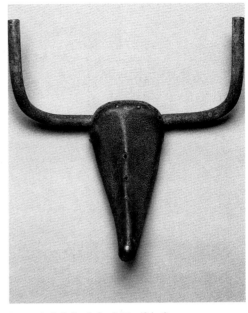

图 2-51 公牛头 牛皮 金属 毕加索

达达这个名字主要是一种玩世不恭的攻击象征，不仅是对传统艺术秩序的攻击，也是对20世纪初试验性艺术运动的攻击。达达主义者们抛弃了其他流派在美学和艺术语言上的追求，以玩世不恭的态度来对抗社会现实和现存的价值观，其目的不在于创造，而在于破坏和挑战，所以广泛使用拼贴形式和现成物装配。最值得注意的人物仍然是之前已经提到的杜尚，他经常采用生活中常见的现成物品，如梳子、铲子、线球和自行车轮等物品加以搭配组装，改变其位置和环境，使人产生出其不意的惊讶感。上文提到的《泉》就是这种作品的实证，同时也是使他声名远扬的作品。

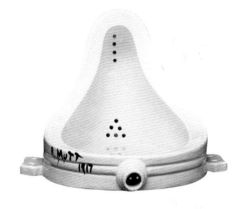

图 2-52 小便池 陶瓷 杜尚

现代艺术的重要流派——超现实主义也对材料的使用做了有益的探索。超现实主义的信条是确信梦幻万能，主张运用纯精神的无意识行动去表达自己的思想观念，不要任何理性的控制，没有任何审美上或道德上的偏见，在这样的创作理念的指引下，超现实主义画家和雕塑家们创作了一系列的综合材料艺术作品。米罗是超现实主义的伟大天才之一，他的作品充满了孩童式的想象，作品在构图、图案和色彩表现上都十分大胆，他制作的陶器、陶瓷壁画也延续了他一贯的风格，同时也使现代艺术与陶瓷这种古老材质完美结合在了一起。他为联合国教

图 2-53 Bird in Space
木 大理石 布朗库西

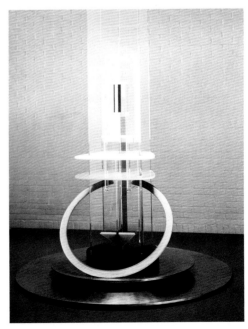

图 2-54 柱子 塑料 金属 加波

图 2-55 夜和昼 米罗的陶板壁画

科文组织总部制作的两幅陶砖壁画,取名为《夜》和《昼》(见图2-55)。墙的尺度和陶砖粗糙的表面,启发他用简洁的纪念碑式的形状,米罗说:"我在大墙上寻求一种粗野的表现,而在较小的墙上寻求诗意,在每一种构图之中,我都在同时追求一些对比,与黑色,猛烈有攻势的线描,与涂成方块的宁静的色彩形成对比。"

超现实主义的另一位大师级人物无疑是达利,他无尽的想象力在他的诸多绘画作品里得到了集中的体现,尽管他对材料进行探索的作品较少,但他作品中蕴藏的想象力还是对后来的一些综合材料作品带来了有益的启示。如另一位超现实主义画家莫莱·奥本海姆的作品《物体》,用野兔的毛皮把一组杯子、碟子和调羹都罩了起来,形成了材料之间的异化关系,使人产生意想不到的视觉感受,这件作品甚至已经成为超现实主义幻想的同义语(见图2-56)。这种"变不可能为可能"、对固定材质进行异化处理的方法也影响到了现在的综合材料艺术作品。

在经过诸多现代主义先驱的初步探索之后,材料在现代艺术中的应用变得越来越多。西班牙的冈查列兹最先直接用铁来制作雕塑,他以金属为材料,用铁熔焊成类似符号的形象,探索形象的空间表达方式,制作了一批锻铁和焊铁的作品。贾科梅蒂和考尔德的作品对雕塑材料的使用则更为宽泛。贾科梅蒂的作品《早晨四点的大厦》应用了木、玻璃、金属丝、细绳等多种材料(见图2-57);而考尔德的作品则多以金属材质的点、线、面成型,辅以明亮的色彩,由细线联结,利用较为单纯的动力即空气的流动来产生运动关系,由于采用不同的平衡点、铁丝的长度以及金属片重量等因素的影响,每块金属片的流动方向及速度都有所不同,造成作品的活动"有组织的反复无常",从而使那些呆板的建筑有了生气,被称为"活动雕塑"(见图2-58、图2-59)。

图 2-56 物体 动物毛皮 陶瓷 金属 奥本海姆

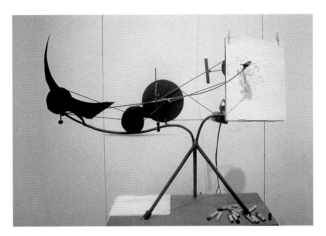

图 2-58 考尔德作品 金属线 金属板

图 2-57 早晨四点的大厦 金属 木 玻璃等 贾科梅蒂

图 2-59 考尔德作品 金属板

20 世纪中期之后,现代艺术家们在所表现的内容题材、材料手段、方式方法等多方面,均超越了西方近代延续的审美规范和既定模式。在材料的艺术使用方面,材料的固定认识已经被打破,任何材料均可单一或合成运用于雕塑的造型之中,涌现出许多有着探索精神的画家、雕塑家和工艺家,产生了令人眼花缭乱的平面和立体艺术形式。

废品雕塑的主要创作人物撒利用废旧的铁屑甚至是机器零件来进行综合材料艺术的创作。他甚至使用钢铁厂的万吨水压机将废旧汽车压扁,汽车的车体在巨大的压力之下被压碎成各种色彩、材料的块状体,就像是一堆经过处理的金属垃圾。凯米尼的作品则多采用金属的下脚料,如铜、铁、锌、铝等,然后把这些东西切成不同的形状,有小方形、筒状短管及小长方体等,再把这些东西焊接成一定的形状,主要是用浮雕的效果来创造一些神奇的想象,有时长出植物,有时则是一种奇特的结构,作品的色彩效果是通过材料的选择和用气焊枪火焰制作而成的。图 2-60、图 2-61 是两件废品雕塑作品。

以杜尚为先驱的装配艺术及光艺术在这时也获得了发展,在材料的选择上也更加宽泛,一些新材料如铝、环氧树脂、塑料、丙烯酸等在作品中得到使用,作品的表现形式也较多样化,一些作品的布置注意到了周围的环境因素,逐步奠定了后来装置艺术的基础。光造型艺术逐步变成了一个独立的艺术形式,艺术家对光线的使用有了自己很好的见解,并与其他的艺术形式,如装配艺术、波普艺术等形式结合起来,取得了新的视觉效果。

从 20 世纪 60 年代至今的现代艺术形式里,波普艺术一直占有很重要的位置。"波普艺术"又称为"流行艺术"或"大众艺术"。波

图 2-60 塞萨尔雕塑作品 废金属板 金属线

普艺术的源头就是前文已经提到的杜尚的达达主义流派，但无论是在观念和媒介上，波普艺术都将达达的艺术观念和所使用的材料更大范围和更深入地向前推进了。波普美术作品的特点就是全面反映大众文化的各个领域，从主题上看，它集中于商业化社会日常的、平凡的东西，趋向于大众文化或群众性的传播媒介，如电视节目、电脑、画报、服装、公众人物、电影形象、标记等这些在现代商业化社会里面对人们产生普遍影响的东西，具体的创作手法也仍然是装配形式的绘画或雕塑作品（见图 2-62）。毫无疑问，这些作品也对材料的使用做了有益的探索，这些波普艺术家以及后来的追随者们都热衷于对新材料的使用和搭配组合，以达到标新立异的效果。波普艺术的媒材主要是现成品，而现成品正是达达主义流派的代表人物杜尚进行艺术革新的核心之一。拼贴物也是波普艺术广泛使用的媒材，最早源于毕加索、勃拉克的立体派，是作为探究现象与艺术再现之间的差别而发明的，而波普艺术极大扩展了拼贴的范围，这种创作的方法使艺术家将心思更多地用于寻找各种物品之间的衔接联系。当时的波普艺术家有汉密尔顿、劳申堡、沃霍尔等。

汉密尔顿是英国波普艺术家中最具创新精神的人物，他是杜尚的门徒。其实"波普"一词就来源于其一幅小型拼贴画《到底是什么使得今日的家庭如此不同，如此有魅力》（见图 2-63）。在这幅作品里，作品应用的主要材料是图片和画报，画家采用了大量的通俗产品来装置一座现代公寓的室内场景：电视、早期带式录音机、连环画书的大封面、广告和徽章，透过窗户可以看到一个电影屏幕，屏幕上映着一个歌手的镜头，图中主要部分是一个傲慢的裸女和一个肌肉健壮的男子，那男子摆着一个姿态，手里横握着一个巨大的棒棒糖，糖衣上有显著的"POP"字样。汉密尔顿之所以引用"POP"字母，其用意在于用大众艺术来反对现代主义纯粹艺术。

劳申堡进行波普艺术创作的材料则更加宽泛，1985 年，当还在议论现代派为何物的国人第一次参观其在北京的展览后，肯定非常惊讶，似乎任何生活中的常见之物，衣服、橱柜、破布、橡胶、木板、图片、雨伞、木桶、标本、画报、气味……甚至大便，经他一组合，便俨然成了作品。

沃霍尔是波普艺术中又一个重要人物，他毫不讳言地宣称："我是一部机器。"沃霍尔的艺术特征就是商业化，他利用熟悉的影像，机械而又千篇一律地重复。如利用大众熟悉的罐头盒、可口可乐、清洁剂、纸箱等物件和猫王、玛丽莲·梦露、泰勒等明星的照片，进行不断的单一重复，以消除艺术家的个人存在，有意嘲弄艺术所谓的贵族身份（见图 2-64）。他说："任何物件都是艺术品。"这些观点和当前的后现代主义艺术观点

图 2-61 废品雕塑 金属板

图 2-62 波普艺术作品 青铜着色

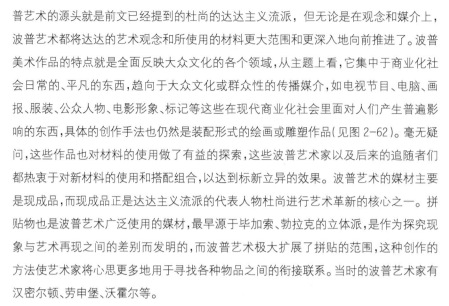

图 2-63 汉密尔顿拼贴作品

图 2-64 沃霍尔作品 玛丽莲·梦露

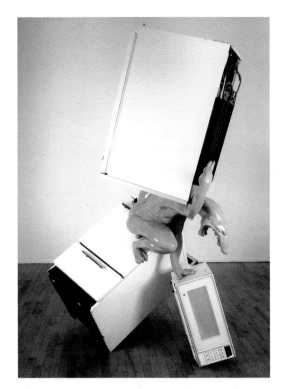

图 2-65 装置艺术作品之一 树脂 冰箱等

图 2-66 装置艺术作品之二 金属板

图 2-67 大地艺术作品系列 树枝 石块等

几乎完全一致。使用唾手可得的生活物品,使用大众熟悉的形象和符号,使用影视技术与绘画的结合,都使沃霍尔成了达达主义与后现代主义艺术之间的一个衔接人物。波普艺术将艺术与生活之间的界限消解,材料的选择和运用已不再是区分艺术种类的手段。在波普之后的现代艺术流派里,材料仅仅是一种创作的介质,是一种实验的载体,是艺术创作思维的体现方式,它自身已彻底不再具有独立的代表性意义,在现当代艺术里面,艺术家对于材料的使用不再有"限制"可言了。

在波普艺术之后或与波普艺术并行发展的现代艺术形式还有装置艺术(见图 2-65、图 2-66)、大地艺术(见图 2-67)、超写实主义艺术(见图 2-68)、影像艺术(见图 2-69)、光效应艺术(见图 2-70)等,这些艺术形式都对艺术材料的综合运用做了有益的探索尝试,其中的某些处理方法至今对我们的综合材料创作来说还是卓有影响的。

我国当代艺术的综合材料实验起始于 20 世纪 80 年代,受西方现当代艺术思潮的启示及改革开放的影响,综合材料的艺术实验在油画、国画、雕塑、版画、装置等各个领域内迅速展开了(见图 2-71~图 2-80)。我们用二十年左右的时间,将西方的现代艺术实验方法统统过了一遍,对材料的使用毫无疑问也是如此,如今,东西方材料艺术创作之间的差别和距离已大大缩小,这一点我们在当前的一些重大展览中也可以看出。许多中国艺术家的作品与外国艺术作品难以区分,在一些材料探索方面我们有了自己的表达方式。艳

图 2-68 超写实主义艺术作品
树枝 纤维 毛发等

图 2-69 影像艺术作品
显像管 金属等

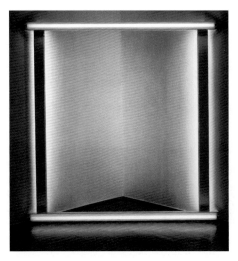

图 2-70 光效应艺术作品 彩色灯管 电线

图 2-71 地门 木 金属等 傅中望

图 2-72 门神 金属 焦兴涛

图 2-73 奶牛 木 铁 黄月新

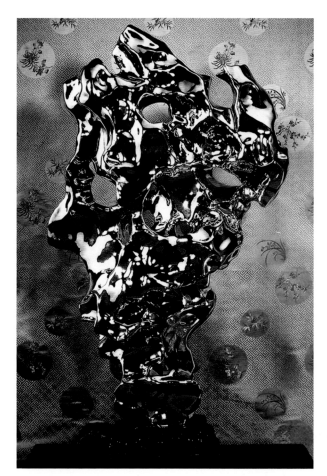

图 2-74 展望 假山石 不锈钢

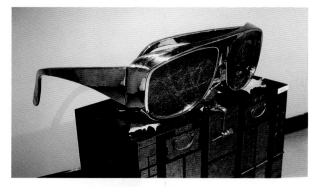

图 2-75 眼镜——我们的世界 不锈钢 铜 许正龙

图 2-76 城市农民之一 树脂 梁硕

图 2-77 地罜 石头 金属 隋建国

图 2-78 水木金火土说 陶瓷 赵兰涛

图 2-79 影像装置作品 电视机 金属等

俗艺术就是这方面的一个重要体现,20世纪90年代中期出现了一种文化现象:各种传统文化已臻完美的样式被打成碎片,然后生吞活剥地对那些碎片做表层的模仿和拼凑,走在大街上,稍一抬头就可以看到那些抄袭来的西方现代建筑样式的局部,戴的却是中国的琉璃瓦大屋顶;都市气息极重的麦当劳快餐店前,居然还有"大红灯笼高高挂"……各式各样的文化形态,已被拼凑得面目全非。艳俗艺术以批判和戏谑的姿态对待这种现象,来提示我们生活当中习以为常的荒诞的一面,这是艳俗艺术的一大特点(见图2-81~图2-83)。艳俗艺术的另外一大特点就是其对艺术素材的使用和对艺术材料的挖掘有了新的发展,一些作品对于形式和材料的使用处理都明显具有东方意味,具有东方传统文化精神的符号和代表材质,如宣纸、水墨、陶瓷、剪纸、皮影等都在艳俗艺术中具有新的含义。除艳俗艺术之外,当前的装置艺术、影像艺术等也对这些材料进行了重新整理和使用,这也可以看做是中国当代艺术对材料艺术实验的多方向探索试验(见图2-84)。

当前,我国的高等艺术教育也开始注重对艺术创作材料的研究和教育,一些学校和专业都纷纷开设了综合材料艺术实验课程

图2-80 摄影作品 王青松

图2-81 刘力国作品 陶瓷

图2-82 李占洋作品 树脂着色

图2-83 陈文令作品 树脂着色

或类似课程,并开始逐步形成系统的教学模式。中国美术学院在 20 世纪 90 年代初就成立了综合绘画系,探索平面绘画的综合材料运用问题,近年来又增加了装置艺术和媒体艺术等相关课程;中央美术学院在 1999 年建立了独立的综合材料实验室,综合材料艺术实验课程开始作为绘画、油画、雕塑、版画等纯艺术专业及媒体艺术等专业的必修课程;景德镇陶瓷学院于 1998 年开始,陆续建立了石雕工艺实验室、木工艺实验室和金工实验室,为综合材料课程的开设奠定了基础,2001 年各专业开始系统开设综合材料艺术实验课程。高校的介入及专业课程的设置使综合材料艺术正式进入学术层次而得以从纯粹的角度进行研究与传播。

总而言之,现代艺术对材料的使用完全突破了传统艺术形式使用单一材料的限制,材料在现代艺术里面找到了彻底发挥的空间,一些新材料的出现及应用对现代艺术的发展起到了积极的作用。

图 2-84 门 玻璃等 俞征

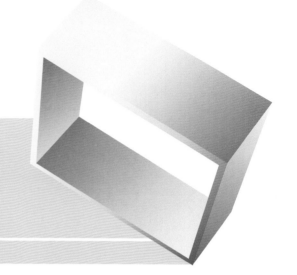

3 重视材料

一切艺术作品均是人类情感在物质材料中的凝结,造型艺术尤其如此。莫·卡冈在其《艺术形态学》一书中写道:"造型艺术利用广泛的和在科学技术进步过程中经常得到的造型材料和色彩材料,每种材料的物理属性都制约着它的某种审美属性。"在艺术的创作过程中,不同材料具有的形态、比重、强度、色泽等性能,会对主题表达、造型处理、制作程序、加工手段等方面产生影响,由此带来不同的艺术风格和审美差异。材料的合理选择与使用,从某种程度上说,是一件作品成功与否的环节之一。下面我们就当前综合材料艺术创作中经常出现的材料进行一些分析和举例说明。

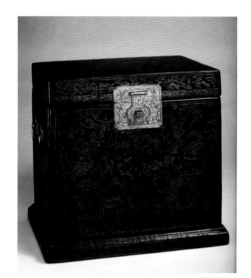

图 3-1 木胎雕漆箱 明

图 3-2 竹方笔筒 清

3.1 木(线材、面材以及天然木质)

木是人类使用最早的一种造型材料,直到今天它仍在人类生活的方方面面发挥着作用。在东方的传统宇宙观里面,它被认为是构成宇宙的基本元素"五行"之一,在东方文化体系中占有极其重要的地位。在古代东方社会里,从具有独特风格的建筑,到日常生活中使用的木桶、木盆、木勺、木桌、木椅、木床等,甚至车、船、婚嫁的花轿及丧葬的棺材等都是木制的,可谓从生到死难以离木(见图3-1)。中华民族对木材的加工能力之高,运用之广泛彻底,是其他民族所无法比拟的,在造型艺术领域内也是如此。自古以来,木作为一种优秀的造型材料被广泛应用到家具、建筑、雕刻、日用器皿等诸多艺术领域当中。1978年在距今有8000年历史的河姆渡遗址中发现了一件红色木漆碗,这是中国已知最早的一件木胎漆器。中国木结构建筑的历史也非常悠久,从穴居到干拦式、从阿房宫到紫禁城都取得了举世瞩目的成就,中国人在3500年前就基本形成了以榫卯连接梁柱的框架结构,许多木结构建筑历经百年甚至千年仍然保存完好。中国古代家具充分利用木材的色调和纹理的自然美感进行设计,连接方式多采用榫卯结构,不用钉,少用胶,既美观又牢固,是科学与艺术的完美结合。在雕刻艺术领域,木材也是应用广泛的材料之一,相对于石、玉和金属等雕刻材料来说,木具有更好的可加工性,既可以大刀阔斧,保持木材劈砍凿刻的痕迹,又可以通过打磨制作出精致圆润的造型和玲珑剔透的空间层次。除了传统木雕之外,根雕、竹雕、核雕等艺术形式也取得了很高的成就(见图3-2)。

木材在综合材料艺术的加工和创作使用中,具有自己的特性。

图 3-3 现代艺术作品 木 金属等　　　　　图 3-4 木雕作品

图 3-5 Victor Grippo 现代木质作品

图 3-6 不同木质处理方法之间的对比

图 3-7 经过打磨之后的木质表面效果 明绣墩 邵帆

图 3-8 现代木雕及加彩的作品

首先，木材具有较好的硬度和强度，但与金属、石材、玻璃等硬质材料相比又易于进行加工和连接。木材除了可以使用机械进行制作加工之外，还可以用一些简易的工具进行加工。其可以加工成各种型面，也可以用钉子、螺丝、各种连接件和胶粘剂结合，并可以直接作为雕刻用材，这一点相对于难以加工的石材、金属及相对脆弱的其他材料而言具有优越性（见图 3-3）。

其次，木材具有天然美观的纹理和柔顺的色泽，有些木质甚至有独特的香气。木之质感总是使人感到温暖亲近，有着良好的视觉、触觉和嗅觉效应。木质的天然纹理经过刨削打磨之后，其表面能产生其他材料所没有的纹理变化，在纹理构成视觉形象的表象中，引发了人们的想象力和审美感受（见图 3-4、图 3-5）。自古以来，中华民族对材料自然美的挖掘，达到了理想的境界。古人所谓"丹漆不文，白玉不雕，宝珠不饰，何也？质有余而不受饰也"的准则，是对"材质美"和"自然美"的崇尚和执著。在具体的加工创作过程中，注意对木质这种独有的纹理进行深化，独具匠心地利用这些纹理及色斑、节痕等，常可获得材料世界中独有的表现特性（见图 3-6）。

再次，木质还具有很好的可装饰性，除了用刨削、打磨等方法以突出木质的天然纹理和光泽效果之外（见图 3-7），木质表面的彩绘及人为的肌理效果也是一种很重要的装饰手法，这种手法在传统的木质雕塑以及现代木雕中都经常使用（见图 3-8）。

最后，木质由于其本身的物理特点、可加工性以及其所蕴涵的人文特性，很容易与金属、石材、陶瓷、玻璃等其他硬质材料搭配使用，并能产生很好的协调感。

木材的加工手段主要有锯、刨、雕削、打磨、钉接、打孔、榫卯、胶接等。

木材的主要加工工具和作用如下：

① 用于综合加工的木工车床、链式榫槽机、枪式电钻、砂光机等机械。

图 3-9 青铜的表面肌理效果 夔纹铜钺 商

图 3-10 金银的表面效果 三鲤荷花熏炉

② 用于测量及画线定位的卷尺、钢尺、折尺、三角尺、水平尺、线锤、量角器、墨斗、铅笔及圆规。

③ 用于锯木刨削的拐子锯、钢丝锯、手锯、开孔锯、平面锯、槽刨、铁柄刨及面刨。

④ 用于凿钻的平凿、扁铲、圆凿、手钻、手摇钻及手电钻等。

⑤ 其他辅助工具如平角锤、斧子、木锉、钢丝钳、扳手等。

3.2 金属

金在东方传统文化里面也属"五行"之一。金属的生产使用,促进了人类文明的发展。人类最早利用的是天然的金属,由于铜的熔点较低,因而成为最早被人类加工的金属,人们通过不断实践探索,逐步掌握了各种矿石的合理配比和冶炼技术,从而冶炼出强度、硬度俱佳,铸造性能好的铜锡合金,开创了伟大的青铜时代。据考古发掘表明,世界上最早掌握炼铜技术的地区是西亚,到公元前 4000 年左右,西亚、埃及、印度等地的冶铜技术已经有了一定的水平。我国开始使用青铜器的时代大约在公元前 3000 年左右,夏、商、周三代及秦汉创造了灿烂的青铜器艺术,青铜器的应用极大地促进了社会生产力的发展,推动了社会的进步(见图 3-9)。在青铜时代,除铜、锡之外,还掌握了铅、金、银、汞的冶炼方法,这些金属的使用使青铜艺术更加丰富多彩(见图 3-10)。

随着人类对金属冶炼技术的掌握和对金属特性的认识,公元前 1400 年左右出现了铁器,并因其优良的性能而逐步取代了青铜的地位,在生产工具、兵器、建筑等各领域内占据绝对的统治地位,这种状况持续了千年,被称为"铁器时代"。直到 18 世纪的工业革命之后这种统治地位才被打破,工业革命及先前的科技发展为金属的加工冶炼提供了简便易用的方法和先进的机械设备。钢铁的产量成百倍甚至千倍的增长,各种非铁金属类,如铝、钛、镁、锰各种合金纷纷涌现出来,人类迈入轻金属的开发时代。今天,从小的锅、勺、刀、剪等生活用品,到大的机器设备、交通工具、大型建筑,哪样都离不开金属,所以现代人把金属的生产和使用作为衡量一个国家工业化水平的标志。金属在现代艺术中也是一种非常重要的材质,不锈钢材料甚至已经成为现代雕塑材质的代名词,也可以在不同的艺术门类间找到其他金属材料的影子。

金属材料种类较多,在艺术创作中常用的有铜、铁、不锈钢、铅、金、银和一些合金。金属本身具有许多优良的造型特征。

首先,金属具有特有的颜色、光泽和反射能力,给人以不同的心理感受,这点对于艺术材料来说是十分重要的。纯铜呈紫红色,经表面打磨抛光处理之后,金光闪闪,具有高贵、富丽堂皇的艺术特征(见图 3-11)。铜易受腐蚀,与空气中的氧气、二氧化碳和水起反应,生成氧化物和碳酸盐等组成的铜绿,使铜的表面产生斑驳的色彩变化,给作品无形中增添了一种凝重的历史感和厚重感。不锈钢具有光亮的表面光泽和很强的反射能力,可以很好地映射作品周围的环境,四时变化、周遭景物都可以在其光洁如镜的表面反射出来,与周围环境有很好的协调关系,是现代雕塑艺术的一种常用材料(见图 3-12)。

其次,金属具有良好的导热性及塑性变形能力。由于组成金属分子结构的金属键没有方向性,金属表现出良好的延展性,可以加工成很薄的薄片,金箔和铂箔就经常在一些综合材料绘画、工艺美术以及雕塑中出现。金属也可以加工成金属板和金属线,通过切削、焊接和铸造来取得理想的艺术造型(见图 3-13~ 图 3-15)。

再次,金属表面具有良好的可装饰性,装饰手法多样且独具特色。金属材料的表面可施以各种装饰工艺以获得理想的质感,常用的表面装饰方法有镏金、电镀、锻敲、蚀刻、喷涂、镶嵌、着色等(见图 3-16)。

图 3-11 红铜的表面效果 针灸铜人 明

图 3-12 不锈钢的表面效果 黎明 崛起

图 3-13 焊接的金属作品 风竹 文楼

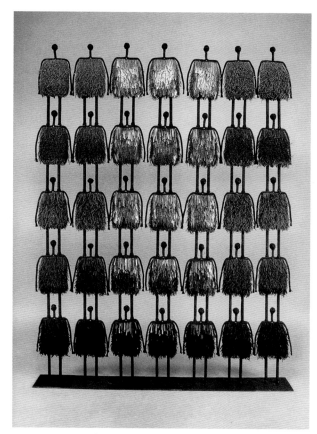

图3-14 红铜焊接作品

图3-15 锻敲及焊接后黄铜的表面效果
Anthony The Caliph's Garden

图3-16 电镀后钢板的表面肌理

镏金和电镀可以使作品获得光泽度高的表面。传统的镏金、镏银的方法是这样的:将初步锻敲成薄片的金或银与水银混合,进行加热熔炼,制成金泥或银泥,涂于需镏金、镏银的金属表面,然后进行烘烤,水银蒸发之后,金层或者银层就会留在金属的表面。我国古代有许多铜胎镏金作品,著名的长信宫灯就是一例(见图3-17)。镏金的目的主要是模仿金银等贵重金属的表面效果,在现代由比较方便的电镀方法代替。电镀铬可以形成光滑如镜的表面,使金属表面有很好的工业属性,与一些软质材质或者有生命的材料一起使用可形成强烈的对比效果(见图3-18~图3-20)。

锻敲金属是一种金属冷加工方法,在艺术造型领域里主要用于金属表面肌理或图案的制作。将金属板放在模型上用木槌敲打,可以将造型或表面纹理复制到薄板上,将金属板放在岩石等其他硬质材料上捶压,可以形成自然感强的表面肌理变化,具有独特的韵味。

蚀刻是用化学酸对金属进行腐蚀而得到的一种斑驳沧桑的装饰效果。具体方法是先在金属表面涂上一层沥青,接着按设计好的图案纹饰在沥青面上进行刻画,将金属部分露出,然后浸入酸溶液中或者喷刷酸溶液进行腐蚀处理。

喷涂着色既是一种装饰手段,也是对金属表面的一种保护手段,不锈钢喷涂就是现代雕塑艺术常用的一种金属表面装饰手法(见图3-21)。

最后,金属易与其他材料搭配而取得鲜明的效果。金属给人的主要感觉是冷漠和沉重,加工制作的特性最强,是一种最鲜明、最强烈地体现工业社会特点的材料,与某些自然材质如木、石、陶、植物等搭配可以取得很好的对比关系,给人以鲜明的视觉反差(见图3-22)。另外,单独的金属材质特别是贵重金属给人一种富丽堂皇的感觉,与某些表面比较粗砺的材料在一起可以形成强烈的对比关系;同时,这种细腻的金属质感也可以增强某些精细材料的外在表现力(见图3-23)。

金属的加工成型手段主要有:铸造、塑性加工、焊接、切削等。

装饰处理方法主要有:镏金、电镀、锻打、蚀刻、镶嵌和喷涂着色等方法。

金属的加工工具主要有:

● 用于打孔、切削打磨等冷加工工艺处理的金工车床、磨床、切割机等。

● 用于翻砂铸造等热加工处理的熔炉、砂箱、坩埚、火钳等。

● 用于焊接的电焊和气焊设备。

● 其他辅助工具有:砂轮、画针、画针盘、游标卡尺等。

图 3-17 镏金作品 长信宫灯 西汉

图 3-20 劫持 III 不锈钢 木 傅新民

图 3-18 Miguel Berrocal Salvadory dalila
　　　　现代镏金作品

图 3-19 劫持 I 不锈钢 木 傅新民

图 3-21 金属喷漆的表面效果

3.3 石

图 3-22 我的座驾 金属 皮革 陈雨

图 3-23 井盖艺术 铸铁 朱尚熹

图 3-24 天然的化石

石是构成地壳的基础物质,也是泥土的母体(见图 3-24)。人类早在旧石器时代就表现出了对石材的初步加工能力,当时除了一些初级的石制生产工具之外,甚至还出现了石制的乐器,金属时代的到来使对石材的精细加工成为可能。古代艺术家的艺术思维曾深刻地固化于石质材料之中,使我们至今仍能跨越时空读到他们的思想,感觉到他们的情感。无论是中国汉代、魏晋南北朝及唐宋元明清的坟墓石雕,还是遍及大江南北,诸如云岗、龙门、大同、乐山等地的宗教石窟造像,无论是古埃及、古希腊、古罗马,还是文艺复兴时期的石雕艺术,都给后人留下了难以磨灭的印象(见图 3-25~ 图 3-27)。

石的品种众多,常用的有花岗岩、大理石、青石、石灰石、红砂石等。其色彩纹理丰富、强度高,能抵抗各种外力、防水、耐火,具有优良的物理和化学性能,给人以冰冷坚硬、凝重沉稳的心理感受。但不同的石材又具有不同的特性:花岗岩具有粗犷深沉、敦厚朴实的品格;汉白玉大理石则温柔甜美、细腻典雅;青石则沉静自然。在选用石材进行构思制作时一定要注意到这些特点。此外,石材的特殊性能使其在造型的处理上具有一定的局限性,石质作品一般不宜过于细碎纤巧,在具体的作品中,大都舍弃不必要的空洞和细节,注意整体的团块结构,尤其强调构成形式上的力度所引发的重心变化,以保持整个作品的稳定性(见图 3-28~ 图 3-31)。

除了上述常用的石材之外,一些珍贵的宝石,如质地坚硬的玉质翡翠,色彩艳丽的绿松石、玛瑙、珊瑚石,晶莹通透的水晶等也经常用于一些工艺品的镶嵌和制作。

石材的加工手段主要有:切割、钻孔、打磨、雕凿、粘接等。

石材的加工工具主要有:

● 用于切削打孔的切割机和电钻。

● 用于打磨抛光的角向打磨机、砂轮机和抛光机。

● 用于雕凿的手工工具如锤子、凿子、钢针、扁铲等。

石材也常用来与其他材料结合使用(见图 3-32)。

图 3-25 古希腊花岗岩浮雕

图 3-26 贝尼尼大理石雕像

图 3-27 大理石雕像

图 3-28 日日夜夜 大理石的肌理对比关系 张得蒂

图 3-29 爱 大理石抛光效果 赵瑞英

图 3-30 Scott Burton Right Angle Chair
大理石抛光效果

图 3-31 蚀 大理石的表面肌理对比 杨明

图 3-32 Colin Reid Untitled 石材与玻璃的结合使用

3.4 陶瓷

    陶瓷是以粘土为主,与其他天然矿物原料经拣选、粉碎、混炼、成型、烧成等工序制成的制品。陶瓷材料是人类最早利用的非天然材料,陶器有大约 1 万年的历史,是人类最早的手工制品。与利用石、木、骨、角等天然材料不同,由土至陶的过程不仅改变了土的外部形态,也改变了粘土的外在性质,粘土经过烧制之后变成了坚硬的类石质材料,并具有稳定的物理和化学性能。陶的产生和发明对人类社会文明的进步有着重大的影响,使人类可以长期贮存食物和水,极大促进了农耕文明的发展;陶的发明及陶的耐火性,使人类对火的认识得以深入,从而为其后铜、铁等金属的冶炼提供了物质条件。摩尔根在其著作《古代社会》中写道:"制陶术的文明及其使用各方面来讲是区分野蛮时代与开化时代的最有效和最确实的标准。"可见陶的发明对人类文明发展的意义。在新石器时代，人类创造了灿烂的彩陶艺术，陶器的造型和装饰都达到了美轮美奂的程度，出现了一大批造型规整、装饰丰富合理的彩陶器，这些彩陶器体现了人们对陶这种材料的艺术运用处理已经成熟（见图3-33）。随着陶瓷材料拣选技术的不断改进、釉料的发明以及烧成温度的提高，原始瓷器在商代烧制成功，经过千年的发展，瓷器在东汉时期终于发展成熟并取代了陶器的地位。当时瓷器的各项指标已经与现代意义上的瓷器相近，烧制温度达到了1300℃以上，坯体烧结程度高、坯釉结合紧密、釉层光滑、吸水率低，从此中国的历史进入了瓷器时代。

图3-33 彩陶船形壶 仰韶文化半坡型

魏晋隋唐时期是我国瓷器的发展时期，除了南方的越窑一直延续生产之外，到了唐代，北方邢窑的白瓷又发展起来，形成了"南青北白"两大窑系。同时唐代的长沙窑还烧制成了绞胎、釉下彩装饰和窑变花釉等新的瓷器艺术品类（见图3-34、图3-35）。

宋代是中国瓷器空前发展的时期，汝、官、哥、定、均五大名窑以及磁州窑、耀州窑、吉州窑、建窑、景德镇窑等产品风格独特，各领风骚，给明清陶瓷的进一步发展打下了基础，是我国陶瓷艺术史的一个高峰。

元明清时期是我国封建社会瓷器发展的鼎盛时期，这时以景德镇为代表，集历代各窑之大成，由青瓷全面发展到彩瓷阶段。色釉的种类繁多，一些已经失传的色釉也被重新研制出来，特别是清代的康熙、雍正、乾隆时期，无论是在彩瓷、青花瓷还是在色釉瓷诸方面，景德镇窑品质之精，造型之多样，釉彩之丰富，无不达到了登峰造极的地步，是我国瓷器艺术发展的又一个高峰。

在漫长的陶瓷艺术史上，陶瓷作为综合材料与其他材质共同组合使用的例子并不多，值得一提的有瓷胎漆器和明清的家具艺术。只是在20世纪50年代后，陶瓷艺术受现代艺术思想观念的影响，出现了在创作理念和思想上不同于传统陶瓷艺术的现代陶艺，陶瓷材料与其他材料相结合的艺术形式才成为一个重要的发展方向，在这一方面，出现了许多卓有建树的陶艺家和陶艺作品，使陶瓷材料大大地拓展了自己的艺术表现范围（见图3-36~图3-43）。

图3-34 青釉凤首瓷壶 唐

陶瓷材料大致可以分为陶和瓷两大类。陶器又可分为粗陶和精陶：粗陶包括农村常用的缸、盘、罐等，延伸开来，砖和瓦都属于粗陶的范畴；而细陶则指胎质细腻、原料经过精心淘洗的陶器，如宜兴的紫砂及四川荣昌的陶器等。瓷由陶演变而来，两者在性能和加工手段上较为接近，因此人们习惯上称之为"陶瓷"。但陶与瓷在原料、成型和烧成上面都有区别，从成品来看，陶器烧成温度低，一般在1000℃左右，质地较为疏松，吸水率高，敲之声音低哑沉闷，有无釉和有釉两种；而瓷器则烧结致密，吸水率小，一般低于2%，敲之声音清脆，通常有釉层，烧成温度通常在1200℃以上。从审美角度来看，陶器质朴、自然、敦厚，瓷器则精致、秀丽、严谨，两者具有不同的材料品格（见图3-44~图3-46）。

陶与瓷除了以上这些区别之外，也有许多共同的特性。

首先，二者具有良好的物理化学性能，具有良好的耐腐蚀性、耐氧化性，可以历千年而不朽。另外，强度较高，具有较高的硬度，变形率小，吸水率小，并且易于清洁。

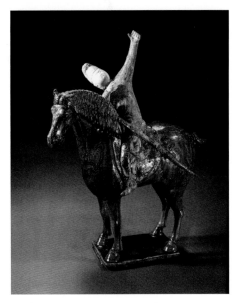

图3-35 三彩绞胎骑马射雕俑 唐

图 3-36 人物头像 粉彩 阿仙

图 3-37 色釉陶瓷作品

图 3-38 青釉陶瓷作品

图 3-39 窗瓷 赵兰涛 刘乐君

图 3-40 山水意象 瓷 金箔 赵兰涛

图 3-41 蓝色的梦之二 袁乐辉

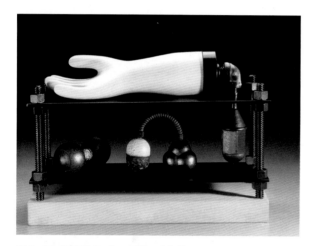

图 3-42 精密装备 陶 马修 威尔特

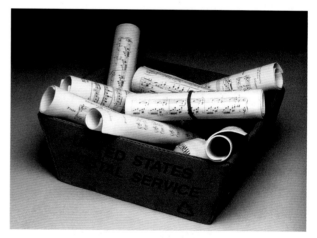

图 3-43 UPS音乐箱子 陶 西尔维亚 海曼

图 3-44 海岸 瓷 赵兰涛 刘乐君

图 3-45 迷惘的一代 陶 木 金箔 赵兰涛

其次，陶瓷材料的色彩非常丰富。据统计，陶瓷高、中、低温釉共有几十万个色标，釉上的色彩更是可以调配出不计其数的颜色，这些颜色保证了陶瓷表面的色彩装饰效果，能够与任何色彩的材料取得色彩上的协调关系。陶瓷烧成过程当中的变幻莫测性，能够达到许多难以预料的色彩效果，这些窑变效果使陶艺作品具有超乎想象的色彩魅力，正所谓"意所偶得，便成情境，物出自然，方见真机"。这种色彩变化往往给人一种视觉上自然、亲切的感受。

再次，陶瓷材料具有良好的可塑成型性。我们知道，陶瓷在烧成之前主要成分就是土和水的混合物，具有相当好的可塑性，陶瓷的成型过程较易保留各种工具尤其是手的操作过程痕迹，如拍打、按压、抹涂、刻划等动作完成的痕迹，只要泥质柔软未干，这些造型和肌理可以重复修改，直至定型，几乎任何的肌理和造型都可以制作出来，相比坚硬的石材、金属及玻璃来说，陶瓷的成型可加工性无疑要好得多。

图 3-46 山花 瓷 木 铁 刘颖睿

最后，陶瓷材料本身具有一种自然特质，与人的心理有一种天然的呼应关系。陶瓷的主要原料就是泥土和水，而泥土和水本身是我们人类赖以生存的基础，因此对人类来说有一种天然的亲切感。另一方面，陶瓷艺术历经几千年，陶瓷表面的装饰图案与釉色表现具有很浓的人文意蕴，也与人的心理有一种天然的对应关系。以上两点，是陶瓷材料易为人们所接受、历经几千年而不衰的主要原因。另外，这种特性也使得它容易与其他材质搭配协调，陶瓷与金属、玻璃等搭配可以形成一种强烈的对比关系，与木、植物等搭配使用又显得非常协调（见图3-47、图3-48）。

陶瓷的成型方法主要有拉坯、雕塑、模印、倒浆、压坯及手工成型几种。

陶瓷的装饰方法主要有色釉装饰、釉下彩绘、釉上彩绘、丝网贴花纸、雕刻等。

用于成型的机器设备有：真空炼泥机、泥板机、泥条机、拉坯机、压坯机、泥浆搅拌机、石膏模型机。

用于成型的手工工具主要有：陶拍、陶刀、直尺、刻刀、雕塑刀、挖空工具、修坯刀、倒浆桶等。

图 3-47 无题 陶 木 铁 刘木森

用于装饰及上釉的工具有：吹釉机、釉壶、毛笔、羊毛刷等。

用于烧成的有：液化气窑、电窑及烤花窑。

3.5 玻璃

玻璃在人们的日常生活中很常见，从既能阻隔风寒又可透光的窗户到各种类型的照明灯具，都离不开玻璃这种独特的透明材料。玻璃在中国古代被称为"琉璃"，近代又称之为"料"，是熔融冷却、固化的非结晶无机物。人们最早使用的玻璃，是火山喷发时岩浆冷凝硬化之后形成的天然玻璃。在古埃及，大约公元前1600年左右已经有了正规的玻璃手工业，当时生产的有玻璃珠和花瓶，由于熔炼的工艺还不成熟，当时的玻璃还不能达到透明的状态。从考古发现中证实，中国在3000多年前的西周时期已开始了玻璃的制作工艺（见图3-49、图3-50）。公元前1世纪时，罗马人发明了用铁管来吹制玻璃，使玻璃形成了中空的器皿。11~15世纪，

图 3-48 天门之四 陶 木 刘木森

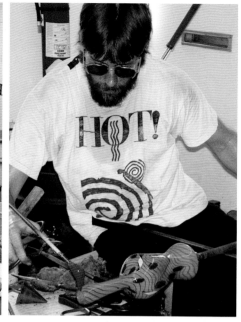

图 3-49 玻璃吹制过程之一　　　　　图 3-50 玻璃吹制过程之二

意大利的威尼斯成为玻璃制造的中心。1291 年威尼斯政府为了技术保密,把玻璃工厂集中在穆兰诺岛,当时生产的窗玻璃、玻璃瓶、玻璃镜和其他装饰玻璃等制品十分精美,具有高度的艺术价值。如今,玻璃已经成为现代人日常生活、生产和艺术欣赏、科学研究当中不可缺少的制品,正朝着改善人类居住环境、美化生活的纵深方向发展(见图 3-51、图 3-52)。普通玻璃通常以石英砂、石灰石、纯碱为主要原料,并添加各种辅助性材料,经 1550～1600℃高温熔化,再冷却成型,二氧化硅、氧化钠、氧化钙为其主要化学成分。

图 3-51 夏承碑　王沁

玻璃是一种质地硬脆而且透明的材料,颜色丰富、材质莹澈、表面光滑工整。艺术家们利用它晶莹透亮、冷峻坚固,同时可折光、反射的特点,使玻璃工艺达到变幻莫测、光怪陆离、难以预想的艺术效果。但因材料特性和成型工艺的限制,其作品尺寸一般都不太大,在造型上受到一定的限制(见图 3-53～图 3-55)。

玻璃具有一些独特的材质特性。

首先,纯净的玻璃的透光性好,能显现背面物体的形态和色泽。这也是玻璃这种材质对我们的主要用途所在,这种特性对于建筑、科学实验、交通工具及照明等方面具有重大的意义。在综合材料艺术的创作当中,也多利用的是玻璃的这种特性(见图 3-56～图 3-59)。

其次,玻璃的表面处理及装饰工艺比较多样。表面处理指将玻璃切割成型之后为获得所需的表面效果而做的处理,包括消除表面缺陷的研磨、抛光、磨边处理,形成特殊效果的喷砂、蚀刻、彩饰等。其中喷砂是用喷枪将磨料喷射到玻璃表面形成花纹;蚀刻是指先在玻璃表面涂敷石蜡或松节油等保护层并在其上刻绘图案,再利用氢氟酸的腐蚀作用蚀刻所露出的部分,去除保护层,即得到所需的装饰图案纹理;彩饰即是利用手绘或者喷涂、贴花纸等方法对玻璃表面进行装饰,这一点与陶瓷的彩绘方法有些类似,也要经过烧制,使玻璃釉料附着于玻璃表面,形成平滑、光亮且色彩持久的艺术效果(见图 3-60、图 3-61)。

玻璃的加工成型手段主要有模具熔制、吹制、压制和拉制等方法。

表面处理手段主要有上文已提到的研磨、抛光、切割、打孔、粘接、雕刻、彩绘、喷花、贴花等方法。

玻璃的加工设备工具包括:

● 用于模具熔制铸造的工具有电炉、熔化炉、雕塑泥、雕塑工具、石蜡、硅胶及耐火模具。

● 用于吹制玻璃的有坩埚窑、熔化炉、吹杆、剪刀、秆子、大钳、滚料板、滚料

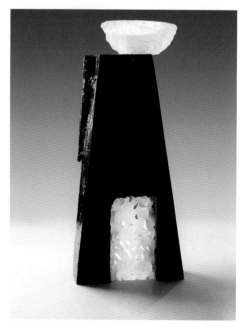

图 3-52 坐夏　王沁

图 3-53 Michael Scheiner Natural
　　　　Progression 玻璃装置作品

图 3-54 Lino Tagliapietra
　　　　Dinosaur 玻璃的色彩效果

图 3-55 Mary Shaffer Center Cube
　　　　玻璃与其他材质的结合使用

图 3-56 Michael Taylor
　　　　Radio Red Reprise
　　　　玻璃的折射效果

图 3-57 Tom Patti Solarized Red
　　　　Lumina Echo 1 玻璃的折射效果

图 3-58 Tom Patti Solarized Red
　　　　Lumina Echo 2 玻璃的折射效果

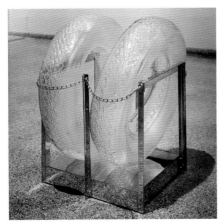

图 3-59 Robert Rauschenberg Untitled
　　　　玻璃与其他材料的组合使用

图 3-60 透明的玻璃作品色彩效果

图 3-61 Untitled Toots Zynsky
　　　　玻璃的色彩及肌理效果

图 3-62 时尚 100 宣纸 拼贴 林墨子

图 3-63 制纸步骤——捞纸的过程之一

图 3-64 制纸步骤——捞纸的过程之二

图 3-65 制纸步骤——捞纸的过程之三

碗及耐火模具等。

● 用于玻璃表面处理及装饰的有切割机、玻璃刀、磨边机、真空气泵、喷枪、电窑等。

3.6 纸

纸张是一种具有传统人文意义的材质,自从造纸术发明以后,文化的承载、信息的传递都离不开这种介质,它对于人类文明进步起了重大的推动作用,因此也被列入我国的四大发明之一。在文化发展史上,纸张除了作为文字资料的承载媒介之外,还是书画艺术的重要载体。中国书画所使用的就是一种经特殊制作的纸张——宣纸,其中生宣纸所独有的渗透性和晕染功能更增添了中国毛笔书法和水墨画的独特韵味,从而成为我国文化的标志之一(见图 3-62)。

造纸术在公元 2 世纪左右在我国得到推广发展后,纸的作用基本上取代了帛和竹简。当时生产的纸主要是麻纸,后来造纸术不断革新,在原料方面,除了原有的麻纸、楮树皮纸之外,还利用桑树皮、藤皮、稻草秆等材料制纸,进而发展到用竹子做原料制作竹纸。在中国历史上,纸的种类非常多,其中比较著名的有唐代的硬黄纸,五代的澄心堂纸,宋代的黄白蜡笺、金栗笺、宣纸等,这些纸张所用的原料及制作工艺都有所不同。这些内容在宋代苏易简的《纸谱》、明代宋应星的《天工开物》里有系统而详细的记录。

纸的制作过程是综合材料课程的实验内容之一。具体的制作过程如下:选取一些吸水性强、纤维较粗的纸张进行浸泡,同时加入适量的碱粉,碱粉与水的质量比大约是 1∶200。如果条件允许的话,在浸泡的纸张软化成纸泥之后,要进行蒸煮,时间一般在 8 小时以上。这样可以使纸更容易散开。经过大约 3~4 天的浸泡之后,根据纸泥的发酵情况就可以制作纸浆了。将发酵的纸泥捞出放在丝网筛子或孔隙较粗的布袋里进行过滤,要注意筛子及布袋的孔隙不能过大,防止较细的纸制纤维在过滤时流失。将一些不需要的杂质过滤之后,重新加水。用搅拌机(可用电钻焊接搅拌头制成)将纸泥打碎,这样就形成纸浆了。然后,将纸浆放入一个口部比较大的盆里,注意纸浆的浓稠程度,如果要制作较厚的纸,纸浆要稠些,否则反之。用带边框的木条砂网、滤布将纸浆振荡后捞起,待稍干后就可以揭下而成为具有有趣肌理的纸张(见图 3-63~ 图 3-65)。在制作纸浆的过程中可以加入其他一些处理,如加入植物叶片、布料、金箔、银箔及其他类型的纸张等,这样制作出的纸张会具有特别的效果,当前的手工纸艺作品大多用这种制作方法。这些捞出的纸浆还可以采用模具成型,制成三维的雕塑或器皿作品,具有独特的肌理效果和韵味。

手工制纸的工具主要有:用于浸泡纸浆的桶、搅拌机、筛子、铁丝网等;用于捞纸和成型制作的大盒、网筛、石膏模具等。

以下是一组以纸为主要表现材料及与其他材料结合使用的作品(见图 3-66~ 图 3-71)。

图 3-66　综合材料绘画
　　　金属板　纸　颜料　钟照

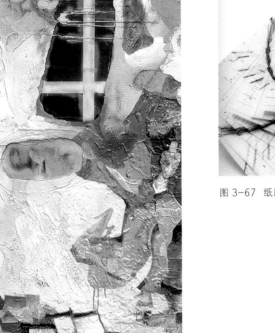

图 3-67　纸雕作品

图 3-68 Helen Escobedo Give
Us This Day Our Daily Bread
纸为主要表现材料的装置作品

图 3-69　以书为主体的装置作品

图 3-70　纸雕作品

图 3-71 Jannis Kounellis Untitled
纸与玻璃组合使用的装置作品

3.7 石膏和水泥

石膏和水泥也是常用的艺术材料，其最大的特点就是加入一定比例的水后可以变为坚硬的固体形态，并具有一定的强度，易于加工处理，表面肌理可以处理得非常丰富，也可以获得光滑的表面，在表面进行加彩和喷漆、仿金属及仿石、仿木纹处理，或者是在其呈液体时就加入一些矿物颜料，如氧化铁、氧化锰、氧化铬、赭石、群青、炭墨等粉末共同搅拌，即可制成各种色泽的石膏或彩色水泥。

图 3-72 瓷 水泥 姚永康 康家钟

就固化后的可加工性来说，石膏要强于水泥，我们可以在固化的石膏材料上进行造型或肌理处理、切削、打磨、抛光、雕刻、打孔等，且其便于修补和更改。如果想用类似泥塑的手法进行塑造，可以在石膏里面加入缓凝剂，以便给造型处理赢得时间；如需石膏强度高，可以在调和的过程中适当添加水泥、玻璃丝、矿棉、棕麻、纸浆或干硬剂等，这样石膏在固化后其硬度和韧性会得到增强。

水泥固化后的强度要比石膏高得多，因此其固化后的加工就相对困难得多，与对石材的加工类似，因此多在水泥呈液态时进行处理。用水泥来制作较大型的作品时，多需在内部预设钢骨架，分段烧铸，由于造型整体呈实心，分量沉重，对底座甚至地基有很高的要求。与同是硅酸盐材料的玻璃和陶瓷相比，水泥自身的材料语言不太清晰，视觉效果呆板，沉重而少有明快感，但水泥是一种很好的结合材料，可以与陶瓷、玻璃、彩石、金属板、木等硬质材料结合使用，用这些材料作为覆盖或镶嵌材料，可以掩饰其低档且无个性的材质（见图 3-72~ 图 3-74）。

图 3-73 水泥雕塑作品

下面重点讲一下手工调制石膏浆的方法和步骤（见图 3-75~ 图 3-78）。在开始调制石膏浆之前，必须先在容器内加入清水，然后用手将石膏均匀撒入水里，这个速度不可以太慢，否则石膏会凝固，一直到撒入的石膏粉高于水面而不再快速下沉，这时石膏与水的质量比大约为 1：1，如果需要石膏硬度大一些可以多加一些石膏至 1：1.2 或者 1：1.5 左右，然后进行搅拌，一直搅拌到石膏浆中没有硬块和颗粒为止，这时的石膏浆有了一定的粘稠度，外观像浓稠的炼乳，处于最佳的浇注使用状态。

在调制石膏浆的过程中，需要注意如下几点：① 必须先加水，后放石膏，否则石膏易起硬块而搅拌不匀；② 石膏粉放完之后要静置半分钟，使其溢出粉末中隐藏的气体；③ 要朝同一方向搅拌，以免产生气泡；④ 要使调制的石膏浆在浇注时不能太稀或太稠，太稀容易沿围护物的缝隙漏出，太稠则造型易产生气泡或空隙；⑤ 在浇铸时要紧贴围护物进行倾倒，否则也易产生气泡。石膏与水混合均匀之后，在 5~10 分钟左右即发生硬化，刚开始硬化时的石膏质地比较松软，在这时可以对形体进行初步修整，完全硬化后，石膏即达到使用强度。

图 3-74 水泥仿铜材的效果

影响石膏凝固快慢的主要有如下几个因素：首先是石膏与水的比例，水少则凝固的时间短，否则相反；其次，水温越高，凝固的时间就会越短；再次搅拌的速度也有关系；最后，添加的材料也会影响到石膏的凝固时间，加入干硬剂或食盐，可以加快石膏的凝结速度，而加入缓凝剂或乳胶液则可以延缓凝固的时间，但加入乳胶液

图 3-75 调制石膏浆的步骤 1

图 3-76 调制石膏浆的步骤 2

图 3-79 石膏像

图 3-77 调制石膏浆的步骤 3

图 3-78 调制石膏浆的步骤 4

图 3-80 流动的墙 石膏拓彩 张白波

图 3-81 石膏壁画喷漆之后的效果

图 3-82 石膏着色

易使石膏产生气泡，这一点在使用的时候要加以注意。

　　由于石膏本身的材质语言不丰富，因此完成的石膏造型很多都要模仿其他材质的表面效果，如通过彩绘以及喷漆处理可以模仿青铜、钢铁以及不锈钢材料的表面效果（见图 3-79~ 图 3-83）。

　　下面我们来简单介绍一下模仿青铜的表面效果处理方法。准备水彩或者水粉颜料，尽可能不要使用丙烯颜料，因为丙烯颜料是使用乳胶调和的，而石膏的吸水性比较强，待干燥之后丙烯颜料会在石膏表面形成一层乳胶膜而容易脱落。将水粉或者水彩颜料里面的黑色加入适量的深红色或者熟褐色，调制成青铜色底子，注意调制时深红以及熟褐不可太多，以免呈现出明显的色彩偏向。将调成的青铜色刷涂在石膏的表面上，使用粉绿和草绿混合的颜色来调制青铜表面的锈斑，注意调制的颜料液要稀，均匀地涂到造型表面，这样颜色可以流动到石膏表面的凹陷里。注意颜色的调制一定要准确，这个步骤可能要重复几遍，具体要视所调制粉绿颜色的稀稠程度而定。待干燥之后用海绵或者丝棉蘸丙烯或者水粉颜料的金色小心擦涂造型表面的凸起部分即可，注意擦涂要自然，

图 3-83 石膏仿石表面的效果

尽力模仿青铜表面经长期摩擦所泛出的金属效果。

　　模仿钢铁表面效果的方法也大体如此,具体是这样的:将黑漆加入适量银粉,一般黑漆与银粉的比例在4∶1左右,涂在石膏造型的表面上,待干燥之后(当然这一步也可以使用水粉或者水彩颜料来完成),用水粉颜料朱红、土黄来调制钢铁表面的锈斑,注意颜料要稀,目的还是使其可以流动至造型的凹陷部分,待半干时使用铁锈红粉末和砖头细粉末混合,包于细纱布之内(用丝袜也可),在石膏造型表面拍出铁锈效果,最后用银粉在造型经常受到摩擦的部分擦涂,即达到钢铁表面的效果。

图 3-84 装置作品　铁箱 木板 塑料

图 3-85 塑料装置作品

3.8　玻璃钢、塑料

　　塑料是以树脂为主要成分,在一定温度和压力下可塑制成型,并在常温下保持其形状不变的材料。塑料作为一种具有多种特性的使用材料,其性能优良,加工成型方便,并且具有装饰性和现代质感(见图3-84、图3-85)。塑料具有一定的耐化学腐蚀和抗冲击性能,相对陶瓷和玻璃来说不易破碎,较之于金属来说,比重较轻且不会生锈。塑料的最大缺点在于其耐热性能差,大多都只能在100℃以下使用,只有极少数能在150℃左右使用,并且其热膨胀系数较大,受热后会发生尺寸变化,持续一段时间会老化等。

　　玻璃钢也是以树脂为主要原料的材料,但通过用玻璃纤维或其他人工物质制成的合成纤维对树脂补强而弥补了塑料遇热变软的缺憾。玻璃钢材料质地坚韧且较轻,具有一定的强度,可以制作跨度大、重心高的造型,其加工成型工艺比较简单方便,造价相对于其他材料更为经济,并且是一种良好的粘合材料,可以将其作为异质材料的粘合剂使用,在雕塑艺术当中运用也较为广泛(见图3-86～图3-88)。

　　下面介绍一下玻璃钢材料的调制及模具翻制过程。

　　玻璃钢一般是用环氧树脂为基料,加入固化剂和催化剂调和而成的。在环氧树脂中加入催化剂的比例在1%～3%之间,调制成一种淡黄色的胶质粘稠液体,然后加入固化剂,一定要注意加入催化剂和固化剂的顺序不能颠倒。固化剂与环氧树脂的

图 3-86 超写实雕塑 树脂着色

图 3-87 呵欠之后 树脂着色 向京

图 3-88 坐着的女孩 展望 树脂着色

比例在 0.8%~1.5%之间，加入固化剂的量少，凝固的速度就慢，反之则快。在树脂中加入一定量的填充材料，可以改变玻璃钢的密度和颜色，还可以产生特殊的肌理，加入滑石粉或钛白粉，树脂的颜色可以变为与石膏相近的不透明的白色，易于表面涂饰，加入砂粒和小块碎石，则可以模仿石材的肌理效果。当然，视艺术创作需要，还可以加入其他各种材料以获取多样的表面肌理和艺术效果，在此就不再多作分析(见图 3-89、图 3-90)。

玻璃钢造型的翻制过程：先检查翻制好的石膏模具，清理干净。然后在模具上刷涂 2~3 遍医用凡士林或地板蜡作为脱模剂。将调制好的树脂在胎模表面涂刷 2 遍，等略微干硬后再涂刷第 3 遍，这时可以刷裱玻璃纤维布，然后往玻璃纤维布上刷涂 1~2 遍树脂溶液，再刷裱玻璃纤维布，多次反复，直至达到所需的造型厚度。在刷裱玻璃纤维时要注意，刷裱的玻璃纤维各层之间要贴紧，刷裱的树脂及玻璃纤维都要均匀，不留死角，否则易产生分层脱离的现象，产生不必要的缺陷。当模型刷裱完毕后，应放在通风干燥处，让其充分固化。约 24 小时后脱去石膏模，即可得到玻璃钢造型。玻璃钢造型成型之后要清理掉模型表面的石膏残渣，用工具修整边脚、连接处和合缝线部分，如果有较大的缝隙或气泡，可以少量调制树脂来进行修补，然后打磨平整，以备涂饰上色(见图 3-91)。

玻璃钢多以"仿材"见长，其适应性强，几乎可以模拟任何材料的表面特征。如经表面处理(绘、喷、涂、刷等)可以达到金属的效果，也可以与石粉、细砂等混合调配成类似花岗岩和大理石的石质特征。其他的模仿形式还有很多，要根据需要使用。由于过分注重仿材，玻璃钢本身的材质特征未能得到充分开发和利用，失却了本身的材质风貌，实质上树脂具有无色透明的特点，纯粹的树脂可以制成具有一定透明度的玻璃状形体，还可以加入一些树脂颜料而获得种类多样的彩色玻璃钢。

图 3-89 树脂着色作品

图 3-90 理想种植 树脂 胡向东

3.9　各种纤维、织物

纤维材料是一种与人最亲近的材料，从衣着到寝具，人类与纤维材料之间有着无比紧密的联系。纤维材料自古以来就浸漫到人类生活深处，早在 7000 多年以前世界上就出现了纤维编织，在夏商周时期，我国的麻、丝、毛的纺织生产已有较大规模，并直接推动当时纺、织、绣、染等工艺的进步，逐渐产生了中国早期以纺绣工艺为主的纤维艺术的发展。隋唐时期，在纺织品、刺绣艺术、纤维挂

图 3-91 疲软 橡胶 王强

屏方面出现了众多具有很高艺术水平的作品。这些数量众多、制作精良的丝织品使中国与外域的东西陆路大通道有"丝绸之路"之称。宋代的缂丝、印染及刺绣工艺都很发达，其中缂丝更是成为一种独立的欣赏品，它多用来织造绘画或书法作品，使"织物书画化或书画织物化"。明清时期的"顾绣"更是使刺绣工艺达到了很高的水平。据记载，顾绣所制成的花卉、翎毛、山水、人物等因"针如毫、劈丝细过于发"而名噪四方，为人所赞叹。图 3-92、图 3-93 是清朝的两件刺绣作品。

如今，纤维艺术已经成为一个独立的艺术门类。现代艺术家们为古老的纤维艺术开拓了一个广阔的发展空间，从材料、质感到空间，纤维艺术都发生了很大变革，风格也趋于多样化，既有追求色彩丰富变化、造型严谨塑造的作品，又有追求肌理变化和材质对比关系的作品(见图 3-94~ 图 3-96)。

图 3-92 传统刺绣作品 粤绣扇套 清

图 3-93 传统刺绣作品 明黄缎绣
金龙戏珠朝袍 清

图 3-94 下凡 纤维作品 姜杰

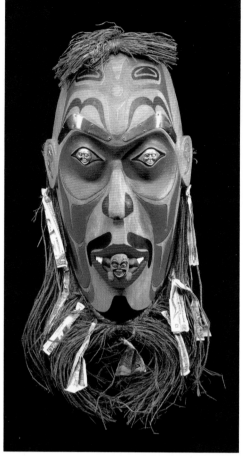

图 3-95 椰壳及棕麻做成的面具

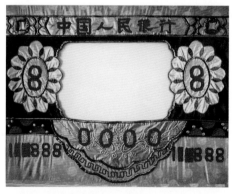

图 3-96 现代刺绣作品 杨卫

常用的纤维艺术创作材料主要有丝、毛、棉、麻、尼龙、棕、头发、玻璃丝、塑料管、金属线、藤、竹等。这些材质有一个突出的特点就是其本身比较柔软,自身不能成为独立的三维形态,一般必须借助于其他一些硬质材质如木、石、金属、玻璃等综合成型。另外,这些材料和人的生活比较贴近,因而人们对纤维织物具有丰富的体验和感受,有强烈的感情,运用得当往往会有意想不到的效果。其本身的肌理色彩也比较丰富,易与其他材质及空间环境协调统一(见图 3-97~图 3-101)。

纤维材料的加工方法主要有编织、环结、缝缀、拼贴以及印染、彩绘和喷花等。

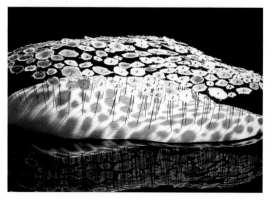
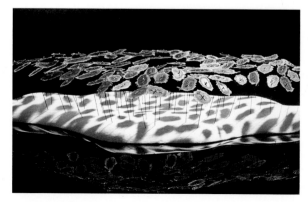

图 3-97 以纤维材料为主的综合材料作品

图 3-98 草沙发 王一川

图 3-99 纤维雕塑

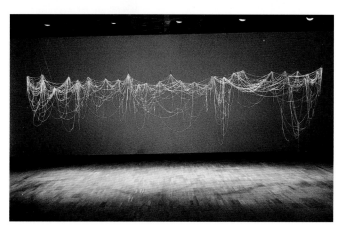

图 3-100 Eva Hesse Right After 纤维装置作品

图 3-101 使用了树根的装置作品

3.10　蜡

　　蜡是动物或矿物产生的一种油脂,能燃烧,易熔化,具有可塑性,不溶于水,可用作防水剂。我们最常见的蜡制品就是蜡烛,蜡在艺术创作造型中最初是作为精细青铜铸造的一种模型材料。《唐会要》及《洞天清录集》等书籍中称之为"失蜡法"。蜡由于其本身熔点较低,在65℃左右就会融化,因此并不能成为单独成型的艺术材料。尽管在蜡液里添加一些辅助材料可以使蜡的熔点稍稍提高,但采用这种高熔点蜡制成的蜡像等艺术品也必须保存在温度稍低的环境中。这种特性看起来有些像蜡这种材料的缺点,但同时也恰恰是它的优点,表明它的可加工性比较强,易于浇注成各种形体,它不溶于水的特点也容易造成一些意想不到的肌理变化。

　　下面我们来看一下蜡液的熔化过程及注模成型过程。

　　首先准备一个耐水的容器,不锈钢器皿或搪瓷器皿最好,将切碎的蜡(工业用蜡或蜡烛都可以)放到里面,放入装满水的锅内隔水加热直至熔化。隔水加热是为了控制温度,以防止直接在火上烧烤会使蜡液燃烧。如果需要彩色的蜡,在蜡呈液态时可以加入彩色的颜料粉或彩色蜡笔一起熬化;如果需要一些其他材质的肌理变化,可根据需要添加纤维、纸张、金箔、布、羽毛、树叶、花瓣等造型需要的材料。蜡液熬制完毕之后,将蜡液倒入已经翻制好的石膏模内,注意石膏模型要清理干净并预先涂抹脱膜剂(白乳胶或白蜡油都可以),待蜡液硬化后即可开模取出,成为所需要的蜡质造型。如果想获得中空的器皿,可以在蜡表层已经固化而中心部位还是液态时将蜡液倒出,即可以获得中空造型,这个过程有些类似于陶瓷的倒浆成型。

图 3-102~ 图 3-106 为一组以蜡为主要材料的作品。

图 3-102 Mare Quinn Self
蜡面部雕塑

图 3-103 以蜡为主要材料的作品
陈蒇

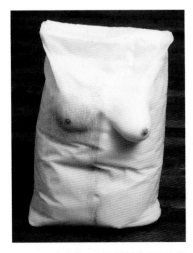

图 3-104 以蜡为主要材料的雕塑作品

图 3-105 蜡像

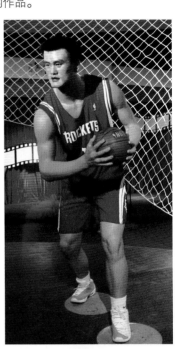

图 3-106 蜡像

3.11 其他各种现成品、自然物

现实生活中各种现成品和自然物并不像前面我们所分析的材料,把它们单独列出来,主要是因为我们在综合材料艺术创作中经常会用到它们,姑且把这些现成品和自然物作为一种材料来分析吧。

这些现成品和自然物包括我们平时所见的大部分东西——各种植物(果实、枝干、树叶、树根)、各种动物(骨、角、皮毛、壳等)、各种有趣的自然材料、各种人造物品(日常生活用品、工农业用品、建筑材料、交通工具等)等。这类材料本身已经具有很好的形式感及表面肌理效果,完全可以在制作的过程中直接拿来加以利用,并且由于这类材料在人们的日常生活中比较常见,经过适度的夸张变形或装饰处理之后往往有意想不到的效果出现(见图 3-107~ 图 3-117)。

总之,世界上没有不能利用的材料,关键在于怎样发现材料的美并把它充分表现出来。"艺术来源于生活",综合材料艺术教学实验在加强我们对基本材质的认识和关注的同时,还注重开拓我们对日常生活现成品的艺术审查视角。我们必须从材质和观念两方面出发,有目的地对材料加以应用和表述,在艺术理论和技术手段的支持下,在材料艺术实验的过程中增强艺术感受力和表现力,使我们的个性思维和原创精神得到强化。

图 3-107 Charles Arnodi Motion Picture 树枝着色

图 3-108 David Mach The Bike Stops Here 自行车 牛头标本

图 3-109 以天然石头与玻璃相结合的作品

图 3-110 以日常生活中常见的扑克牌为主的装置作品 蔡青

图 3-111 树枝 石头

图 3-112 以充气玩具为主体的雕塑作品

图 3-113 Bill Woodrow Lusine Iusine 玩具汽车

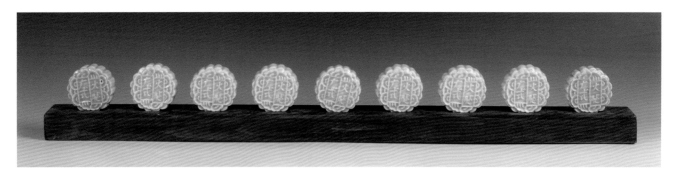

图 3-114 以八月十五的月饼为主题的陶艺作品 李韵

图 3-115 Dante Marioni Cup Box 1
以玻璃杯为主体的装置作品

图 3-116 以旧洗衣板为主要材料的装置作品

图 3-117 以一张旧铁床为主要材料的装置作品

4 课题实验

现代艺术教育的重点,应是方法的教学和能力的培养,以培养创造意识、创造能力为基本准则,同时,训练学生严密的思考程序与逻辑,通过具体的技法与实践教学,让学生掌握造型原理与艺术技巧,依靠学生自身的体验和实践,来拓展现代艺术教育的语言。

我国高等美术教学长期以来注重对技巧的运用和形式美感的培养,而忽略了创造性思维的训练和教育,学生在课程学习过程中接触到的只是教师的一些既定理性经验,这些经验和技巧只是一些看似确定无疑的,不存在任何对立和冲突的客观真理,并形成对这些概念及原理确定无疑的态度,这样的教学方式和教学内容不可能对创造能力和思维的发展起到积极的作用。

创造性思维的意义在于选择新视点,打破原有的思维惯性,从一种非习惯性的思维角度出发,进行创造性活动,这种创造性活动需要积累丰富的知识,扩大思维的范畴,通过思维的发散性和超越性把外界观念化,也就是从生活和自然的感悟中得到启示,通过创作实践再把观念外界化,创作出具有新意的作品,这个思维过程是一种特殊的心理活动,其中包含着构思、想象和灵感。我们可以用创意思维方法引导学生进行多角度的创作思考和艺术表现。了解掌握创意元素和创意想象,通过逻辑思维展开创意活动、进行艺术发现。良好的课题设计实验就是这种创造性思维培养的保证(见图4-1~图4-8)。

图 4-1 Keir Smith Coastal Path 陶瓷

图 4-2 暖气管系列 1 号 金属 布 海绵 李永玲

图 4-3 Judy Chicago The Dinner Party
陶瓷

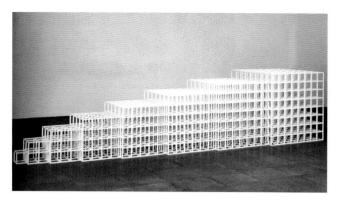

图 4-4 Sol LeWitt Open Geometric Structure 4 木

图 4-5 玻璃作品

图 4-6 Jean Dubuffet Por table Landscape 材质 木

图 4-7 装置作品 天然石块 颜料

图 4-8 装置作品 玻璃 金属 木

课题作为课程以及教学实施的主要方式,居于课程的核心地位,没有课题,课程就没有用以传达信息、表达意义、说明价值的媒介,将课程内容的原理、规则、方法等知识要素转化为可操作的课题,设计成可实施的作业,是课程结果呈现的具体方式,也是课程内容进一步深化的表现形式。

课题问题最终体现为课程作业的设计,这种课程的可操控性设计是整个艺术教育活动中最具挑战性与趣味性的游戏。自包豪斯以来国外艺术设计课程的发展经验表明,大量优秀的课题设计是课程教学成功的关键因素之一,正是一系列充满智慧光芒的课题设计,大大地从内部充实了专业课程。这些课题设计,是理性与情感的美妙融合,在严谨中又有自由底蕴,它所揭示的是学习内容与范畴、方式与方法、对象和结果的一系列变革,与此形成强烈对照的是无创新意识的、单调而长期重复的课题,已成为我国艺术教育课程的痼疾之一,那些无设计的课题已使课程形态严重"变形",实际上是架空了课程,而许多课程由于采用缺乏变化的课题而变得僵化和缺乏进步。

关于课题设计的几点总结:首先,课题在课程的实施当中可以表现为多种方式,并且应该是经常变化更新的,它可以是由教师设计出主题、性质、方式等要素后,再由学生进行题材选择、方法选择等并最终完成作业。我们综合材料艺术实验课程的课题设计基本上采取的是这种方式,在五年的课题实验教学当中,先后做过十个左右不同的课题,每届学生都要尝试两个不同的课题作业,学生根据这些课题作业的主题和一些具体的要求,对自己的创作构思进行丰富和深化,充分发挥了学生的创造力。从具体的课题作业来看,课题设计的多变是必需的,它有利于调动学生的学习积极性,也使课程始终能够紧跟材料艺术的最新发展。

课题的来源应该是多维和多样化的,它可以是某种理念和一组具有宣传性的、可探索性的概念,可以是一些词汇,或者是一种方法,也可以是一个特定的主题或者题材,或者是一个经典课题的演绎和变化等。课题的设计可以从多方面的客观对象、主观意象、形式语言中受到启发,从相近学科及其他相关课程的课题设计中得到借鉴等。课题设计来源的广泛性和多样化也有利于调动学生的创作积极性,使学生对于课程的学习和深入始终能够保持一种新鲜感。

课题作业的最终表现应该是多元化的,同一个课题,可以用不同的手法去完成,当然,一个课题可以有以某种手法为主的侧重,只有在课程的起始阶段对这方面的强调和对学生艺术个性的充分挖掘,最后的课程作业才有可能是多元和丰富的,这一点在具体的课程教学中显得尤为重要,因为在具体的作业制作时,相互之间受到影响的可能性很大,一些同学的材质选择和创作难免有雷同之嫌,这时就需要教师针对具体的创作思路来加以引导和深化,尽可能地避免撞车的发生。

综合材料艺术实验的主要目的就是培养学生对于材料的发现和把握能力,并通过技法与工艺的体现来表达自己的艺术观念,要求学生动手接触各种材料,熟悉材料的固有性能和特征,强调在材料的实验和研究中的主动性和创造性,提倡对材料的实验性,通过材料艺术课题的艺术实验来达到这些目的。几年来我们在综合材料艺术实验的教学中先后做过十余个不同的课题,下面我们就对这些课题设计和课题作业有选择性地作一下分析。

课题一　坐

◆ 课题阐释

综合材料艺术实验的每一个具体的课题,都具有相对广阔的外延含义,课题只是一个思维的起点,允许学生将其拓展,生成相关的概念,以激发其思维的多样性,使其表现形式和表现手段多样化,对材料的选择也能做到丰富多彩。"坐"是一种动作,此课题的思维起点是为人的一种动作、一种行为而创作,这种创作带有实验性,可以不以人的实用需求、使用功能为最终目的,而是通过对"坐"这个课题的艺术实验,达到思维的解放(见图4-9~图4-12)。在这里,课题的具体意义好像被淡化了,其实不然,课题仍有其固定的意义在里面,只不过我们不像工业设计一样最终的目的是实用而已。

人类最早的"坐"的器具可能是一些表面比较平整的石头、木头等,中国古有"席地而坐"的说法,说明早期的坐具是席,"席地而坐"成为古老东方文化形态的特征之一,至今一些东方国家,如日本、韩国等仍然保留着这一习俗。此外,还有"人君处匡床之上,而天下治"的说法,说明低矮的"匡床"也曾是人们的坐具,后来人们慢慢坐直了,坐高了,坐舒服了,而且对座位看得越来越重,比如皇帝有专门的龙位,县衙里的书记员都有专门的太师椅,就连杀官造反的梁山好汉们都有排座次的传

图4-9 休闲小凳——彩云逐日 金属 塑料 王寒冰

图4-10 月光晚餐 陶瓷

图4-11 Jean-Lue Vilmouth
Views of A Chair 玻璃 木

图4-12 石材

统。如今,大小会议,甚至请客吃饭都有固定座位的传统,坐得怎样已经成为一种身份、地位的象征,有的人为了座位,不惜杀人放火,不惜出卖人格等。由此可见,课题的引发点是比较多的。

通过课题的阐释,学生对于课题有了进一步的了解,学生可以从"人为什么要坐"、"坐的目的是什么"、"在怎样的环境中坐"、"坐的结果会怎样"、"坐代表了什么"等多个角度去进行思考,所有这些因课题引发而产生的思考,都可以成为作品产生的起点。完成的作品不见得是一把椅子,任何与"坐"这个概念相关的东西都可以成为最终的作品,它可以是一个雕塑,可以是一个装置,可以是一幅绘画,可以是一个壁饰等。

下面是学生在课堂时间里完成的作业,尽管看起来可能有一些稚拙,或者粗糙,甚至有些作品还带有一些模仿的痕迹,但学生们毕竟在思维和实践的过程中迸发出了火花。练习就是创造的开始,沿着这第一个脚印走下去,总会找到属于自己的方向。

1．陈晓莹 《王位》

陈晓莹同学对于老师在进行课题分析时关于"坐"可以代表权势和地位的表述很感兴趣,认为坐椅的摆放、排序在中国人的传统观念里具有的尊卑含义是显而易见的,酒席、会议、仪式中座位的摆放都能体现出这一点,即使本来主位上的人没有出席,这个座位也有可能会空在那里,出现一种滑稽可笑的现象。最初作者想通过对一个场景的艺术处理来体现座位的尊卑关系和权威性,但由于制作上的困难和课程时间的限制,经与老师分析探讨之后,最终决定采用椅子的制作实验来体现这一主题。其实通过一把椅子的处理来体现座位的尊卑关系和权威感是比较有难度的,作者经过查阅大量相关资料之后,决定采用法官椅这个带有明显表象含义的形态来作为自己"王位"的创作构思,从最后的作品效果上来看,笔直的榉木线条、精致的做工和合适的比例较好地体现了一种威严和秩序,当这件作品在大约一米高的展台上进行展出的时候,它给观者的压迫感和紧张感是显而易见的。另外,其表面镶嵌的陶瓷条块起到了较好的调节作用,使整个作品显得生动,但缺点是有点碎,破坏了作品的整体感觉(见图 4-13、图 4-14)。

2．张慧 《亚当和夏娃》

张慧的作品是一组小型的家具,中间位置是贴有亚当和夏娃图案的小方桌,两侧是用高玻璃瓶支撑起来的长凳,玻璃瓶里面有链锁、纸折的星星、彩色的羽毛等各式各样的填充物,表现了"爱情"这个永恒的主题。在作者看来爱情有时候是不稳固和虚幻的,正如同支撑长凳的玻璃器皿一样,尽管其中的填充物是那么色彩斑斓和美妙,但并不能承受过多的压力和诱惑,就像亚当和夏娃故事里面苦涩的结尾一样(见图 4-15、图 4-16)。

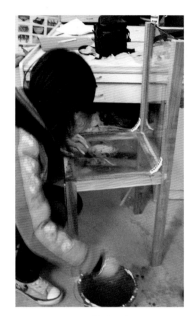

图 4-13 作品制作过程中

图 4-14 王位 木 玻璃 陶瓷 陈晓莹

图 4-15 作品制作过程

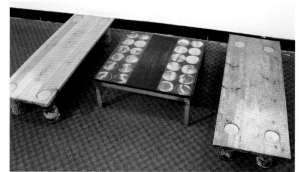

图 4-16 亚当和夏娃 木 金属 玻璃瓶 铁链 张慧

3. 刘翠 《坐》

这件作品生成的过程，完全可以视为在试验当中寻找偶然的过程。课题发放之后，同学们听了老师的讲解并且观看了大量的幻灯资料，但总是感到无从下手，这时随意性的材料试验就显得尤为重要，在双手的运作过程中，愚钝的心灵会逐渐磨砺出锋芒，想法也就应运而生。一团杂乱的铁丝在制作的开始并不能体现出"坐"这个概念，随着骨架的形成和铁丝密度的增加，座位的形态逐渐显现出来，经过进一步的调整和深化之后，"坐"的概念被很好地固定在那里(见图4-17)。

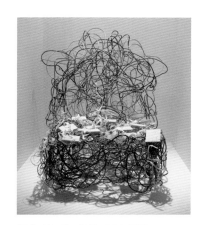

图4-17 坐 铁丝 木屑 刘翠

4. 周璐 《凳·灯》

该作品从多变的实用性出发，试图通过设计给人带来一种新奇的生活气氛，借用凳子的形态将荧光灯具与其完美结合，表达一种美的形式和感受(见图4-18、图4-19)。

一个好的想法固然重要，但如果没有完善的表达手段和工艺技术作为支撑，也会枉费了美好愿望，该作品对木质材料加工和金属焊接技术运用得比较成功，使作品在视觉效果上得到了完美的体现，当迷幻的多彩荧光在暗夜中亮起的时候，凳子的概念在这一刻已经被遗忘了，只有彩色的光在空间里静静流淌。

其他关于"坐"的作品如图4-20～图4-24所示。

图4-18 凳·灯 金属 木 荧光棒 周璐

图4-19 凳·灯 金属 木 荧光棒 周璐

图4-20 坐——沙发中的情侣 陶瓷 布 程徐果

图4-21 坐 木着色 吴杰

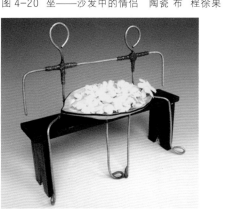

图4-22 坐 木 铁丝 陶瓷 花瓣 龚丹

图4-23 坐 陶瓷 布 陆玲玲

图4-24 坐 布 羊皮 陶瓷罐 书 樊倩倩

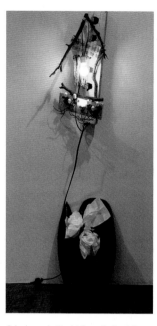

图 4-25 家之一 旧电镀椅 串灯
干草 铁丝等 陈庆庆

图 4-26 Richard Tuttle Relative
in Our Society 树枝 电线 灯等

课题二 灯

◆ **课题阐释**

在我们生存的空间里面,光源是最为重要的条件,没有光,我们什么都看不到,因而人类对于光线的探索一直没有停止。"灯"是一个含义相对确定的概念,它指的是能发光并能为人照明的人造物体,它可以分为火发光和电发光两种形式。由于其概念的相对确定性,课题的延伸含义就有了相对的局限性,它不能像"盒子"、"生命"等课题一样具有众多的外延含义,因此,这个课题要求学生从"灯"是发光体这个最为基本的固定特性出发,用一切可以使用的材料来体现发光这个特性,可以用电、用油、用酒精、用蜡烛,但着力表现的就是发光这个必需的属性(见图 4-25、图 4-26)。

1. 肖晓 《两分钟的黑暗,两分钟的光明》

对生活当中常见材料的敏感毫无疑问可以激发创作的灵感。图 4-27 所示作品体现了一种纯粹的实验性,在作者看来光明使人感觉充满希望,而黑暗则是使人思绪宁静的必要条件。这组用鸡蛋的包装纸壳做成的灯具,乍看起来具有艳丽的色彩渐变效果和天然的外观,但并不具备实用的功能,作者故意选择高瓦数灯泡使灯在点亮两分钟之后就必须熄灭,因为如果时间过长的话,包装纸壳会被烤焦、点燃,并最终化作灰烬,而经过两分钟的冷却之后,灯又可以重新提供两分钟的光明。我们仿佛听到作者说:我喜欢黑暗的感觉,黑暗可以使人思绪宁静,静静地思考是一件幸福的事情,而我又向往光明,光明代表了事物的新生和力量。当你开灯迎来光明的时候,光明的时间只有两分钟,黑暗将在两分钟之后悄然来临。

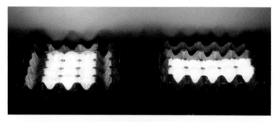

图 4-27 两分钟的黑暗,两分钟的光明
纸壳 灯泡 肖晓

2. 吴嘉恩 《花儿》

造型艺术的实践表明,自然物象无疑是创造型艺术活动不竭的源泉之一,自然界中的花卉、植物、动物、化石、水纹、景观、地貌……无疑是视觉世界中最为普遍和生动多变的图像,大自然当中几乎隐藏着视觉形式所有的要素:对称、和谐、平衡、对比、比例、线条、形态、色彩……我们进行艺术创作的方法之一,就是从自然形态中将这些形式要素提炼出来,通过一系列开放而多元的艺术思考,创造性地解读自然,在更为广阔的层面来感悟自然的种种表现要素。

图 4-28 所示作品很好地做到了这一点,作者选用葵花进行基本的形态变化,娴熟地使用金属线、铁丝网、硫酸纸和纤维材料,柔和的色彩和自然通透的形态营造出了一个童话般的氛围。

图 4-28 花儿 铁丝 纱布 铜丝 灯泡 吴嘉恩

3. 倪明昆 《意象水墨》

水墨画一直是中国传统文化精神的代表之一，最大的魅力就在于它所传达的意境和朦胧美，一种"似与不似之间"的美，一种空灵而富于想象空间的美，这正是中国文化精神的特质所在，我国传统的绘画、书法、雕塑甚至是工艺美术作品，无一不以之为最高的精神追求。

图 4-29 所示的作品《意象水墨》用蜡作为灯的主体材料，因为蜡具有半透光的特性，可以更好地烘托出表层水墨画的气氛，也使整个表层画面有了更多的层次，当灯亮起的时候，蜡所透出的柔和光芒使表层的水墨展现出神秘的纵深感，周围的空间也溢满了暖黄色的光辉，安静得几乎可以使人睡着。

图 4-29 意象水墨 蜡 油纸 倪明昆

4. 徐雅平 《逗号》

图 4-30、图 4-31 所示作品采用了陶瓷材料，该作品在试验和制作过程当中遇到的最大问题是怎样解决高白泥薄胎注浆成型和烧成时的坯体变形问题，因为有些陶瓷的造型不利于最后的烧成，首先要控制泥浆与水的比例关系，泥浆既不能太稠，又不能太稀。其次，在倒浆时要控制好泥坯的厚度，如果泥坯太薄，烧成时容易变形坍塌，太厚则妨碍最终作品的透光效果。最后，在进

图 4-30 《逗号》创作过程中

图 4-31 逗号 陶瓷 徐雅平

行坯体的空洞处理时要小心谨慎,否则有使脆弱的泥坯发生破碎的可能。这些方面的处理都较有难度,没有相当的专业知识的积累和陶艺成型技巧的训练,则难以达到作品需要的理想效果。该作品通过光洁的陶瓷材料和有趣的形态表现出朦胧的光影效果,作品所体现出的轻快、活泼的气氛无疑也体现着作者的性格。

5. 马良旭 《牢笼》

在图4-32、图4-33所示的作品中,凝聚着作者的思考和感悟:学校就像是一个牢笼,把众多的人围在里面,拥挤的校园、繁杂的规章制度、铺天盖地的考试、永远都板着脸孔的宿舍管理员、无所适从的同学,我们一直做的,只是从一个牢笼跳到另外一个牢笼,呆得越久,周围的框框就越多,我好像就是这件作品里面的灯泡,被铁丝紧紧地裹在里面,只有透气的空间,却不能自由活动,只有凝聚起自己的光芒,然后把它狠狠地投射出去。

作者对大学校园生活并不十分满意,这件作品就成为所有这些思考的具体体现,他用极大的耐心和很长的时间用细铁丝编织成了几个椭圆形的封闭网状空间,将灯泡裹在里面,作品的表面效果很好地体现了牢笼这个主题,但具体的含义并没有像创作意图表述得那样深刻。

图4-32 牢笼 铁丝 灯泡 马良旭　　　　　　　　　　　图4-33 马良旭作品局部

其他关于"灯"的作品见图4-34~图4-45。

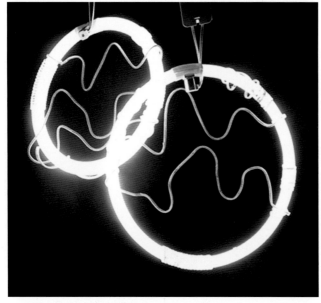

图4-34 幻想 荧光灯 塑料管 水 颜料 吴湉　　　　　　图4-35 蝶 纸 灯泡 张盼盼

图 4-36 发光的盒子之一 玻璃 木板 灯泡 张鲁迁　　　　　图 4-37 石之二 陶瓷 彩色灯泡 曹鸿安

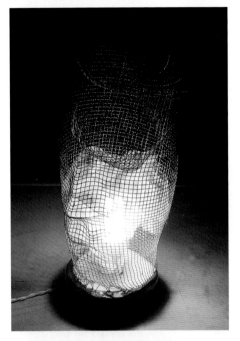  

图 4-38 形态 铁丝网 木 灯泡 张银河　　　图 4-39 灯 陶瓷 麻线 灯泡 赵琲琲　　　图 4-40 无题 木 玻璃管
　　　　　　　　　　　　　　　　　　　　　　　　　　　　　　　　　　　　　　　塑料管 水 颜料 晋丽

图 4-41 灯 金属丝 钢筋 串灯　　　图 4-42 枝头上的鸟　　　　　　图 4-43 灯 钢筋 木屑 玻璃等 胡志强
　　　　倪明昆　　　　　　　　　　　　硫酸纸 卵石 纸板 铁丝等 李清

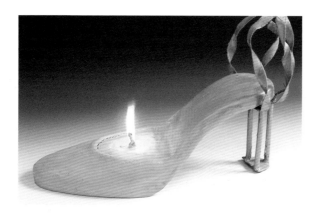

图 4-44 灯 金属 陶瓷 蜡等 柯镇妮

图 4-45 灯 陶瓷 蜡 玻璃等 余英姿

图 4-46 玻璃作品

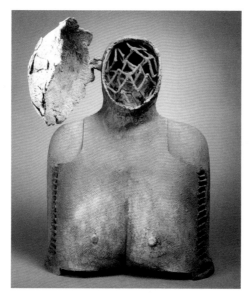

图 4-47 Jim Amaral Dead Poet 6 铁 青铜

课题三　人·状态

◆ 课题阐释

人生活在五光十色的大千世界中,每个人的所知所想都不同,每个人都有不同的生活状态,每个人又都有自己心目中理想的生活状态。受性格、情绪的影响,即使是同一个人,在不同的时间段内也有不同的状态,有的时候,特定人群的外在状态又是相同的。"人·状态"这个课题的外延含义可以说是非常丰富的,课题的目的就是要通过不同材料的合理使用和组织,来体现自身或者他人的一种外在状态,表明自己或他人内心的情感变化和主观感受(见图4-46~图4-50)。

图 4-48 都市风情
　　陶瓷 金属 夏学兵

图 4-49 玻璃作品

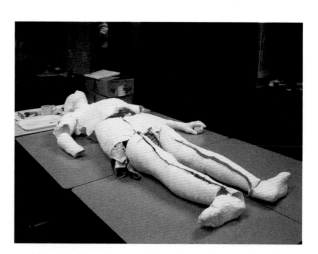

图 4-50 蜕变 石膏 绷带 纸张等

1. 孙兆霞 《框子里的人》

在图 4-51 中的作品完成前,作者产生了这样的思索:人生活在各式各样的框子里,平时可能感觉不到,只有当你想突破框子的约束的时候才感觉到它的存在,你会感觉到一种无形的力量紧紧地把你拉回到框子里面……我并不希望有什么东西可以束缚住我,当前的这种浑浑噩噩的状态是我不喜欢的,我希望能够更加自由自在地呼吸,做我自己喜欢做的事。

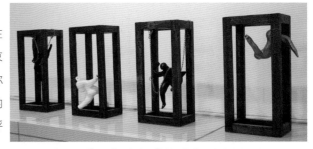

图 4-51 框子里的人 木 陶瓷 铁链 布等 孙兆霞

图 4-51 中的作品很好地表现了人在束缚和重压之下的各种状态,对于各种材料的搭配使用比较成功,各色的陶瓷人物、泛着冷光的铁链、猩红的丝带、棕黑的木框被统一在一起,其中木框的色彩处理尤其值得一提,作者使用了鞋油来作为木框表面的基本着色剂。具体的操作方法是先将木框表面打磨光滑,然后将黑色和棕色鞋油混合成所需要的色调,用丝袜蘸鞋油均匀地擦涂在木料的表面,待干后用细砂纸打磨,然后再擦涂第二遍的鞋油,经过这样大约五遍的反复处理就可以获得清晰而沉着的木纹,最后在表面喷绘一层亚光清漆就大功告成,完成的木框色调沉稳,与闪烁的金属链条、红色丝带以及陶瓷人物一起形成了很好的对比调和关系。

2. 王永亮 《枷锁》

《枷锁》(见图 4-52、图 4-53)的作者痛恨与学位、学分、工作挂钩的英语等级考试,英语考试对他来说简直是一副枷锁:等你英语考过了,四年的时间也就完了,还学什么专业? 这不能不说是一个莫大的讽刺,当前不少学生正是处于这样的状态。

图 4-52 枷锁 木板 金属等 王永亮　　图 4-53 王永亮作品局部

3. 李朋 《人·状态》

茅舍、清泉、竹林,丹青、黄卷、朱印,这一直是中国传统文人所追求的理想生活状态,在如今物欲横流、灯红酒绿的物质社会,这种令人向往的生活状态还能否出现,图 4-54、图 4-55 中的小型装置作品引发了我们思考的广阔空间。

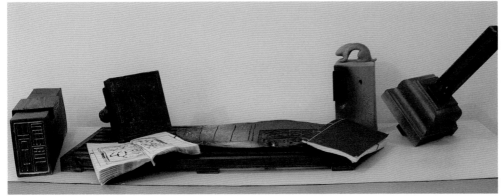

图 4-54 人·状态 木 陶瓷 书籍等 李朋　　　　　　　　　　　　图 4-55 李朋作品局部

4. 王晓娜 《人·状态》

图 4-56、图 4-57 中的作品对当前物质社会中人受到的各种各样的诱惑作了明确的阐述:一个人活着究竟是为了什么? 有的人活着就是为了赚钱,满脑子想的都是孔方兄,有的人追求灯红酒绿的生活,追求低级的生理欲望的满足……所有这些到头来都给自己戴上了沉重的枷锁。

图 4-56 人·状态 陶瓷 金属 纸张 王晓娜

图 4-57 王晓娜作品局部

其他关于"人·状态"的作品如图 4-58~ 图 4-66 所示。

图 4-58 笼中人
　　　金属丝 木板 铁链 刘婷

图 4-59 笼中人局部 刘婷

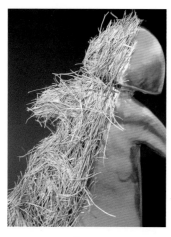

图 4-60 赵兰茜作品局部

图 4-61 自我 陶瓷 布 草 木等 赵兰茜

图 4-62 天空 陶瓷 棉花 杜曼

图 4-63 人·状态 镜框 陶瓷 姜丽琼

图 4-64 状态之一 铁丝 石膏 陈怡

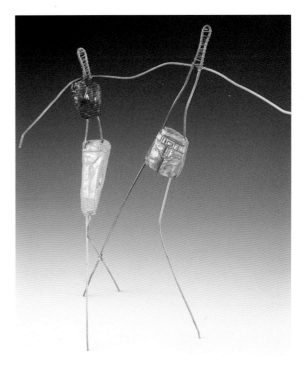

图 4-65 状态之二 铁丝 石膏 陈怡

图 4-66 双人行 金属 韩双玉

课题四 生活的感受

◆ 课题阐释

在日常生活中,经常会出现一些使我们感动的东西,"艺术来源于生活"、"艺术来源于体验"是亘古不变的真理,可能有的人对日常生活所见的事物习以为常而无动于衷,而艺术家的任务就是将这些事物从平常中剥离出来,使其具有出其不意的效果,引用雕塑大师罗丹的话就是:"生活中并不缺少美,缺少的是发现美的眼睛。"只有热爱生活,关注生活的点点滴滴,作品才具有感动人心的力量(见图 4-67、图 4-68)。

图 4-67 李占洋作品 树脂

图 4-68 玻璃 软木

这个课题的目的就是要求学生注意我们日常生活中的每一个事物,在平常中得到特殊,在具象中抽象出一般,要求选择熟悉的日常用品、用具进行艺术的夸张处理,包括造型、色彩、材质诸方面,平时司空见惯、耳熟能详的东西,经过适度的夸张变化之后,往往会具有出人意料的视觉效果。

1. 葛文静 《算盘的联想》

算盘是我国发明的一种古老的计算用具,在计算机时代来临之前在人们的生活中起着巨大的作用,甚至在科技高度发达的今天仍有一部分人在使用着古老的算盘,图 4-69～图 4-71 中作品的作者用自己的创作理念为这生活当中常见的古老用具作了很好的注解。以下是课堂上作者与老师关于算盘的对话:

作者：小的时候经常看做会计的爷爷打算盘算账，感觉很神奇，一个木框子怎么就能计算那么复杂的数字呢，并且觉得算盘的珠子在竹棍上面滚来滚去很好玩，直到今天我仍然对算盘怀有强烈的好奇心，这次作业正好给了我一个机会，经过几天的思考，我决定采用算盘来作为我的创作媒介，想为这种具有东方传统文化意义的计算用具赋予一些变化，但是现在思维比较混乱，不知道应该从哪个方面进行挖掘。

老师：你选用算盘作为基本的创作材料很好，首先，正如你所说的，算盘本身就具有很深的人文意义在里面，容易与一些文化概念和符号相统一；其次，其本身的形式感也很强，点、线的感觉很好，它缺乏的是面的变化，你可以考虑使用其他材质比如石膏或者玻璃钢材料为其增加一些面积的变化，并可以在面上做一些装饰处理，装饰可以重点考虑东西方计算方式及数学公式等能够与算盘这种形态相吻合的符号。当然这是我的一点建议，你现在所要注意的就是，玻璃钢或者石膏倒上去之后要控制面积和所需要的构图变化，并注意各个单体之间的构图、色彩和装饰关系，最好是画一张详细的草图。

作品最后较好地完成了最初的设计创作思路，缺点是加工还是显得过于粗糙了些。

图 4-69 葛文静作品局部

图 4-70 算盘的联想 算盘 石膏 葛文静

图 4-71 葛文静作品制作过程

2. 叶婷 《进屋请换鞋》

在图 4-72 中的作品中，作者试图这样引发我们的思考：如今的人们好像已经把进屋换鞋、脱袜当作了一个传统，每当客至，门前总有一堆臭鞋，看来文明的确改变了人们的生活和行为方式，但这种行为从另外一个侧面来说是不是有一定的消极意义呢？特别是对于一些渴望无拘无束、简单生活的人来说是这样。可现在看来，这种生活是越来越过去了，当解放鞋也在农村院门口摆着的时候，文明似乎也失去了意义。作者对于作品内涵的挖掘可能会有失偏颇，但不能不引起我们的深思。

图 4-72 进屋请换鞋 陶瓷 叶婷

3. 田涛 《暗香》

图 4-73 作品的作者有着这样对生活的感悟：小的时候总喜欢闻各式各样的香味，花香、果香、刚发下来的课本的味道、香皂的香味，有的时候甚至在想，这么香的香皂可能会把好看的蝴蝶都引来了呢。这件作品体现了作者内心童真的一面，瞧，好闻的香味不仅把蝴蝶引来了，甚至还引来了会跳跃的小蟋蟀呢。

图 4-73 暗香 陶瓷 香皂 田涛

4. 余莺姿 《饰》

图 4-74、图 4-75 中的作品看起来有一些奇特和怪异,猪腿在这里已经不是食物的象征,而是有了全新的象征含义,给猪腿戴上手镯、手链,本身就有很强的戏谑和调侃意味。在作者看来,"女为悦己者容"好像是一句再普通不过的俗语,但却是男权主义的反映。女人的装扮归根结底都是在取悦异性,而不恰当的装饰往往会使人感到可笑和厌恶。

作者使用猪腿作为模具翻制的材料,并注浆烧成陶瓷。在制作的过程当中遇到的最大问题就是在注浆取坯的过程中怎样防止卡模和开裂的问题,因为翻制的石膏模具相对比较复杂,而陶瓷坯体的干燥收缩又相对有限,因此难免会发生挂模的现象,先后倒坏了十几个坯体,经过对模具的修正和对取坯时间的不断试验之后,才完成我们面前这套作品。可见在制作过程中对于前期可能出现问题的通盘考虑及对制作过程方法的熟练掌握是十分必要的,作品的新意和思路只是好作品完成的前提,而良好的动手能力和对于制作方法的掌握是作品完成的保证。

图 4-74 饰 陶瓷 首饰等 余莺姿

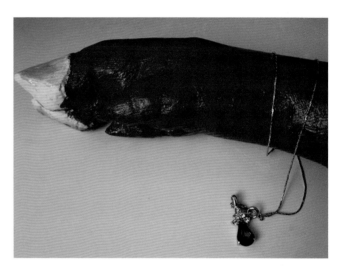

图 4-75 余莺姿作品局部

其他关于"生活的感受"的作品见图 4-76~ 图 4-85。

图 4-76 青花盖碗 陶瓷 木屑 布等 袁翠

图 4-77 袁翠作品局部

图 4-78 煤球的变异 陶瓷 钟年香

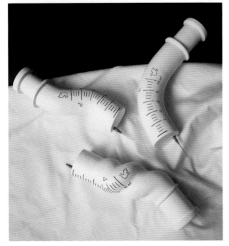

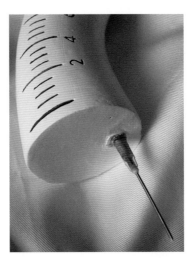

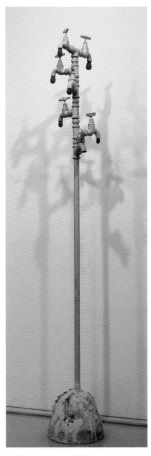

图 4-81 水龙头的联想 蜡
金属水管 石膏等 张文杰

图 4-79 打针的感觉 石膏 针头 王悦

图 4-80 王悦作品局部

图 4-82 热乎乎的饺子耙 笼屉 陶瓷 郭娟

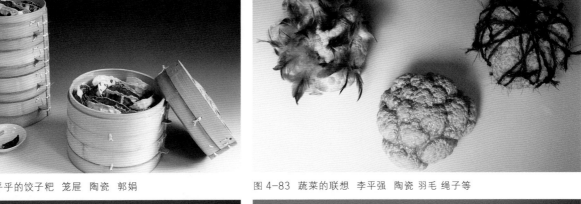

图 4-83 蔬菜的联想 李平强 陶瓷 羽毛 绳子等

图 4-84 扇子 铁丝网 纸扇 汪文俊

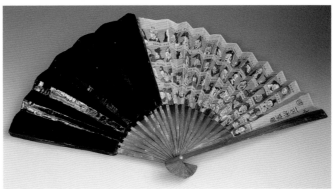

图 4-85 扇子 石膏 纸扇 汪文俊

图4-86 Richard Hamilton 摄影作品

课题五　生命的意义

◆ 课题阐释

地球上形形色色的生命体构成了我们整个生机盎然的世界,难以想象,我们居住的这个星球没有了生命将会怎样。本课题的目的是表达自己对生命的感悟以及由生命这个概念引发的联想,可以着重朝这几个方向考虑:

第一,人类活动对生命的影响。随着工业文明的发展,人类社会逐步扩张,污染的加剧以及人类种种不良的生活需求严重影响了动植物的生存,各种形态的生命正以前所未有的速度减少。据估计,全世界每年有数千种的动植物灭绝。1988年,全世界有1200种动植物濒临灭绝,到2008年地球上10%~20%的动植物将消失(见图4-86~图4-88)。

图4-87 玻璃 树脂鲨鱼 水　　　　　　图4-88 陆斌 化石系列 陶瓷

第二,生命自身的特征以及其成长衰亡的过程。每一个生命机体都有其具体的特征,都有其产生、成长、成熟和死亡的过程,在自然界的生存规律面前,人类曾经有过许多的感悟,我们应该从中得到些什么启示呢?

第三,生命的意义。生命是一个辩证的矛盾统一体,生命有时候是坚强的,有时候又是脆弱的,有时是博大的,有时又是自私的。生命的出生具有偶然性,死亡则具有必然性。生命的价值在哪里?所有这些都是我们这个课题的突破口,都是我们需要认真思考的。

1. 王文卿 《生命的意义》

"前些日子去黄山看到黄山松,这些松树大多生活在石壁之上,在石头的缝隙之间顽强地扎下根去,与山风、白云做伴,不禁使人慨叹生命的顽强,听了老师关于各种材质特性的分析以及联系到'生命的意义'这个课题,我想使用冷漠的金属材质与生机勃勃的绿色植物来表现这种生命的力量和可贵,这样同时也可以体现材质之间的极致对比关系。"这是图4-89~图4-90所示作品的作者的创作思路。

该作品在制作和实验的过程中遇到的最大的问题是如何使几何石膏体的缝隙中生长出自然的豆芽来。他首先将红豆塞满整个缝隙,然后喷水并用湿布盖住,并在随后的几天里每隔几小时就喷一次水,结果由于红豆塞得过于紧密,水又洒得太勤,不仅豆芽没有生长出来,红

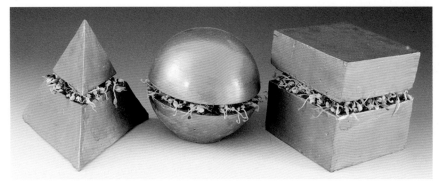

图4-89 生命的意义 石膏 红豆 王文卿

豆都基本腐烂了,只好改进方法,并查阅了一些相关的资料,最后采用透气又能保持水分的沙子与红豆混合填入缝隙,并减少喷水的次数,最后形成了现在的作品面貌。

作品冰冷的带有金属质感的几何形体与夹缝之中生机勃勃的绿色嫩芽之间形成了很好的对比关系,缺点是模仿金属的石膏体表面效果处理得不够好,金属质感不够,线条也不够挺直,如果有条件的话,采用金属质感更强、更能给人冷漠感觉的不锈钢材质来制作就更为完美了。

2. 彭文佳 《生命的意义》

有的时候创作思路的实现可能比较简单,但简单的制作过程和简洁的作品形式往往意味着更多的前期工作,这包括对所使用材料的熟知、艺术的修养和对自己艺术思维能力的自信。图 4-91～图 4-93 所示作品中选择了一些相对简单的材料,清晰而明确地表达了自己的主题和创作的意图,表现了她对"生命的意义"三个不同方向的理解,其中的"绝对新鲜"尤给人以深刻的启示。

图 4-90 王文卿作品局部

图 4-91 生命的意义 纸盘 鸟巢 鸟蛋 报纸等 彭文佳

图 4-92 彭文佳作品局部　　　　图 4-93 彭文佳作品局部

图 4-94 栖息地 鸟巢 混凝土块 赵婷婷

其他关于"生命的意义"的作品如图 4-94～图 4-101 所示。

图 4-95 赵婷婷作品局部

图 4-96 无题 干草 玻璃杯 鸡蛋等 华承业

图 4-97 准星与十字架 钢筋 木块等 姚峥嵘

图 4-98 美丽的斧头 木 陶瓷 李春飞

图 4-99 我的出生 剪刀 布 刘群

图 4-100 鱼的生活 玻璃瓶 水 金鱼 沙子 杨丹萍

图 4-101 生命的意义 木 铁丝 树脂 胡志强

课题六 关于时间的联想

◆ 课题阐释

古往今来,人们都在感叹时光流逝的迅速和人生的短促,先贤孔子就有"逝者如斯夫,不舍昼夜"的慨叹。朱自清的散文《匆匆》里面有对于时间经典的描述,就让它作为这个课题最好的注解吧。

"燕子去了,有再来的时候;杨柳枯了,有再青的时候;桃花谢了,有再开的时候。但是,聪明的,你告诉我,我们的日子为什么一去不复返呢? ——是有人偷了他们罢:那是谁?又藏在何处呢?是他们自己逃走了罢:现在又到了哪里了呢?"

"洗手的时候,日子从水盆里过去;吃饭的时候,日子从饭碗里过去;默默时,便从凝然的双眼前过去。"

"过去的日子如轻烟,被微风吹散了,如薄雾,被初阳蒸融了;我留着些什么痕迹呢?……我赤裸裸来到这世界,转眼间也将赤裸裸的回去罢?但不能平的,为什么偏要白白走这一遭啊?"

"你,聪明的,能告诉我这是为什么吗?"

朱自清先生关于时间的哲理性描述引发了同学们深深的思考:时间是什么?时间是怎样流逝的?在有限的时间里,人生的意义是什么?时间对人是公平的吗?每一个课题的延伸方向都有进一步探索的余地。

1.徐夏 《床》

图4-102、图4-103中作品的作者用床这个载体来表现爱情和时间流逝的过程,他的创作起源于一首诗,诗里面写道:"我愿意躺在床上和你一起慢慢变老,直到变成一棵树",作者喜欢这首诗里关于爱情和时间的描述。在作者看来,躺在床上闭上眼睛静静思考的过程,是一天中思想最为明澈的时候,并且床具有家庭和爱情的双重喻义……

图4-102 床 职务 金属 水鱼等 徐夏

图4-103 徐夏作品局部

人的一生有近一半的时间是在床上度过的,床这个载体具有很好的时间含义,该作品用了铁、陶瓷、棉布、玻璃、水、金鱼及绿色织物等材料,表现了作者心目中理想的爱情与时间概念:游鱼代表着两个人无忧无虑的时光,生长着树的床代表着两个人常相厮守的一生,而草地则表示人生度完之后爱情的永恒。在这里,抽象的时间有了全新的含义,它不仅是度量人生的工具,更成为爱情的标尺。

2.吴逢欠 《留住时间》

"你热爱生命吗?那么别浪费时间,因为时间是构成生命的材料",记不得这是哪本书里面的话,但它却深刻点出了虚度时间的可怕,恐怕每个热爱生活的人都有对时间流逝的感悟和紧张情绪。创作心语:看着时间一天天飞快地过去,心里有一种莫名的紧张感,回想自己在这一段时间里面所做的事,感觉生命似乎大大缩水了,生命的相当部分竟是在无意识、无目的的状态之下度过的,老

图 4-104　留住时间　旧日历　塑料袋　吴逢欠

图 4-105　关于时间的联想　旧挂历　时钟　曹丽慧

师今天阐释的课题"关于时间的联想"引发了我深深的思考。我该怎样把时间留住呢？望着宿舍墙上滴答作响的时钟,我想起了小时候家里用的每天都翻一张的小挂历,每一天过完之后,它就被撕掉一张,迎来一个新的开始,人生的每一天又何尝不是如此呢！

　　作者选用日历作为她"关于时间的联想"课题的表现材料,用保鲜膜将其封存起来,体现了自己对于时间流逝的认知,整件作品充满着一种对时间流逝的无奈情绪,引发观者深深的思考(见图 4-104)。

　　3. 曹丽慧　《关于时间的联想》

　　同样是用日历作为媒材,图 4-105 的作品则给了我们不同的关于时间的联想,时间的流逝以及所体现出的无奈情绪同样在这件作品中表达了出来。该作品既是一件实用的艺术品,又是引人深省的催化剂,时常看一下这件作品,会促使你在有限的生命中,不让时间贬值,从自己的本心出发,充分把握每分每秒,努力去经历一些以后会留下记忆的事情。

　　其他"关于时间的联想"的作品如图 4-106～ 图 4-109 所示。

图 4-106　春夏秋冬　铁丝　石膏　水泥　董永春

图 4-107　董永春作品局部

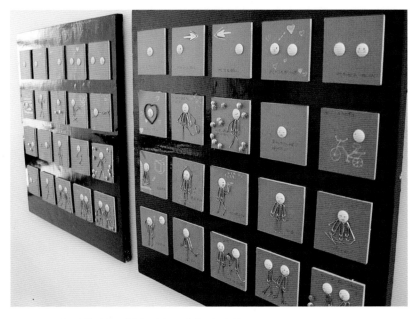

图 4-108 相爱的过程 木板 卡纸 别针 赵淑静

图 4-109 时间的联想 鸟笼 线 时钟 欧东宇

课题七 盒子

◆ 课题阐释

我们先来分析一下我们对盒子通常的思维概念:首先,盒子应该是一个方体或者长方体;其次,盒子应该是可以很容易打开或者封闭的;再次,盒子应该是直线形、硬性和有棱角的;最后,盒子应该是一种空间围合体,可以承装东西的。以上这些盒子的特点都是我们心目中约定俗成的对于盒子的概念(见图 4-110～图 4-113)。我们在创作构思的过程中可以抓住盒子其中的一个特点进行发挥,我们可以用逆向思维的方法进行思考,为什么盒子就必须是方体、长方体呢?其他形态可不可以作为盒子出现呢?为什么必须是直线形体呢?弧线、曲线、不规则的形体就不是盒子了吗?为什么盒子必须是三维的空间围合体,我们可不可以创作镂空和平面形态的盒子呢?网状的、开放而不具有实用功能,但有固定形态的盒子还是不是盒子呢?盒子里面盛装的东西可不可以加以改变呢?

图 4-110 中世纪银质盒子

图 4-111 招贴作品

图 4-112 婴儿床 木

图 4-113 Maura Sheehan The Glass House 玻璃 钢筋

课题只是提供了一个思维的起点,第一步要抓准"盒子"这个课题的某个特征进行深入的分析和思考,然后才可以强化或打破这个概念,形成自己对"盒子"的全新阐释。只有经历这样的过程,后继的材料实验才具有真正的意义,临时的拼凑和无目的的堆砌都是一种不负责任和不严谨的学习态度。

图 4-114 FOOD 饭盒 树脂 冯晓莉

1. 冯晓莉 《FOOD》

图 4-114 中的作品给人一种难以言状的视觉心理感受和祭坛式的肃穆感觉,火红色彩、带有可爱动态的婴孩被盛装在一次性的泡沫快餐盒内,黑色、红色、绿色的强烈对比给人以强烈的视觉刺激。

如今,人类处于自然界食物链的最顶层,食物的种类和范畴日益宽泛化,各种动物、植物以及自然化合物都成为人类的食物,人类对自然和生态的破坏日趋严重。据统计,每年有数以千万计的野生动物因填充人类的肚皮而丧失了生命,更有数千种的物种因为人类的贪婪而灭绝,自然也在采取它的方式向人类进行报复,鼠疫、非典、疯牛病、禽流感……。从表面上看,人类是在对自然的斗争中取得了暂时的胜利,但实际上却是毁了自己,我们正把自己的下一代置于廉价的快餐盒内,自己吃掉了自己。

2. 罗瑞鸿 《点线结构》

通过老师对于"盒子"概念的阐述和剖析,作者对这个课题有了更为深入的了解和体察。盒子在通常的思维观念当中是一种可用于承装东西的围合体,如何打破这种固有的思维概念而赋予它全新的含义和外在表现形态是作者考虑的重点。在对材料的实验和与老师的沟通探讨中,作者的想法逐渐明确起来,作者决定从打破"盒子"是一种可盛装东西的空间围合体这一思维模式入手。作者使用各种颜色的钢条、陶瓷方块、铁链、木板以及玻璃片制作了一系列化学分子式模型的盒子形态,完成的作品已不再具有"盒子"的本质特征,而是一种模糊的概念存在。

图 4-115 ~ 图 4-117 中这组作品,从最初的构思来看,想法并不是很突出,但制作中的严谨和精致很好地弥补了这方面的缺陷,这种认真细致的动手能力和工作方式正是我们课程教学所要求的素质之一。在实际的学习当中,有好的创作思路固然重要,但同时也不能忽视对创作严谨细致的探究能力,只有两者结合,才有产生优秀作品的可能。

图 4-115 点线结构 金属 木 玻璃 蜡等 罗瑞鸿

图 4-116 罗瑞鸿作品局部

图 4-117 点线结构 金属 陶瓷 罗瑞鸿

3. 王文卿 《错位的空间》

作者看过许多幻想主义的绘画作品,绘画作品里面对空间错位关系的表达在现实生活当中并不会存在,但在绘画作品当中都表现得天衣无缝,这促使作者对盒子这个课题进行深入的思考:是不是可以把盒子的既定空间概念进行扭曲和变化呢?作者决定选用带有正方形特征的盒子,然后把它平面化,制作成壁饰的形态。正方体在经过压扁和故意的空间分割之后,出现了一种类似于空间错位绘画作品的效果,经过对块面浮雕化的处理和色彩的划分之后,盒子错位的空间感更得到了深化,作品就这样初步产生了(见图 4-118)。

该作品使我们得出这样一个结论:概念并不是一成不变的,对事物绝对的理解是不存在的。正如这件作品当中所表现出的"盒子"的具体形态,在创作当中一定要敢于打破原有的传统思维定式,才能给自己的作品一个全新的面貌。这件作品的缺点在于制作粗糙和使用材料方面缺乏变化。在进行材料的加工过程当中始终要注意:良好的加工手段和态度在创作当中与好的想法同等重要。

关于"盒子"的其他作品如图 4-119~ 图 4-125 所示。

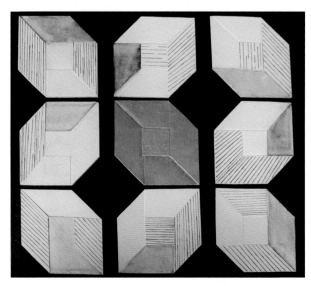

图 4-118 错位的空间 陶瓷 木板 王文卿

图 4-119 盒子 牙签 付志霞

图 4-120 盒子的变异 石膏 铁屑 木屑 赵挺祺

图 4-121 赵挺祺作品局部

图 4-122 盒子 纸箱 蜡 干草等 张露萍

图 4-123 张露萍作品局部

图 4-124 盒子 木 布 丝带等 刘芳

图 4-125 盒子 玻璃 木 扑克 钉子等 欧阳涛

课题八　面孔

◆ 课题阐释

"面孔"这个课题,首先是指人的脸部,人的面孔是整个身体当中变化最为丰富的部分,或平静,或烦躁,或愤懑,或喜悦,或悲伤,或奸诈,或纯朴,种种神态皆可在面孔上反映出来。每个人都有不同的面孔特征,据分析,即使是最为相似的双胞胎在各人的面孔上也有不同的部分,在东西方的艺术形式当中,对于肖像面孔的表现一直是一个非常重要的方向(见图4-126~图4-129)。

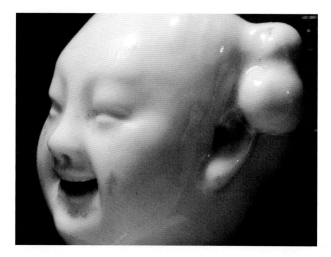

图4-126　宋代湖田窑陶瓷人物雕像面部表情

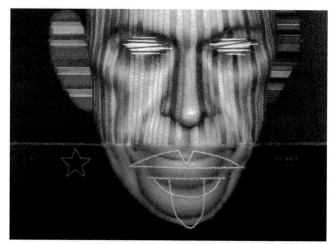

图4-127　Ed Paschke Marblize 纤维

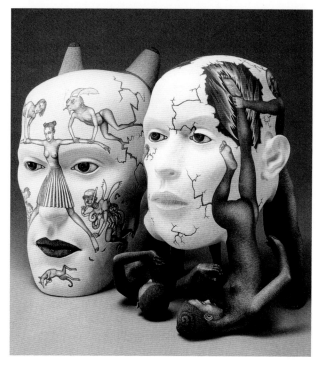

图4-128　美国陶艺家作品

图4-129　绘画面部表情作品

我们进行这个课题实验的目的,就是用不同的材料表现对"面孔"概念的理解,这里的面孔概念,应该有两个方向:一是人的面孔,它可以表现为人的各种表情动作,可以表现为面孔的某些装饰变化和造型变化,也可以表现为面孔题材的某些场景处理;二是指一些事物的代表性部分,例如汽车的前脸是汽车的面孔,淋浴头是整个淋浴系统的面孔,电话听筒是整个电话的面孔等。

这两个延伸方向在经过材料的组合变化之后,往往会出现一些激动人心的新形象,下面我们来看一些较为典型的学生课堂作品。

图 4-130　呐喊　纸　麻布　张宁　　　　　图 4-131　张宁作品局部

图 4-132　张宁作品制作中

图 4-133　张宁作品制作中

图 4-134　面孔——2004 年 9 月 27 日 8 时 30 分
　　　　　木　钢筋　照片　王群

1. 张宁　《呐喊》

作者希望用"面孔"这个课题表现一种久受压抑的状态,由此诞生了"呐喊"这样一组作品,这可以说是其内心情绪的一种释放吧。

图 4-130~图 4-133 的作品使用了纸浆、麻布作为基本材质。作者选用了质地比较粗砾的瓦楞纸箱作为制作纸浆的基本原料,以使纸浆干燥硬化后面孔表面具有粗糙的表面质感。在具体的制作当中遇到的最大问题就是怎样使干燥的瓦楞纸浆面孔从石膏模型上面脱落下来。如果在纸浆与石膏之间不使用任何阻隔物的话,纸浆很容易被石膏紧紧地吸附在上面而不好取下来。而使用塑料纸等阻水物质作为石膏与纸浆造型之间的阻隔物,又容易使纸浆造型的干燥时间延长,并且削弱瓦楞纸浆表面的粗糙质感。最后经过反复的实验之后,决定采用麻袋布片作为纸浆表面的贴敷材料,从完成的作品表面效果来看,麻布片很好地强化了纸浆的表面肌理,并且使石膏模型的吸水性得以发挥,使脱模的时间得以缩短。

最后完成的作品,粗砾的材质表面质感在光的映衬之下统一而神秘,各个面孔表面的色彩及肌理处理也显得协调而含蓄,纸浆材料的内敛性对主题的呼应在这件作品中得到了很好的释放。

2. 王群　《面孔——2004 年 9 月 27 日 8 时 30 分》

与老师探讨过这个课题之后,作者觉得除了同一个人的面孔在一个长跨度时间里能显现出各种情绪和表情变化之外,不同的人在同一时间里面所产生的情绪变化可能更有意思。有了这个想法之后,作者决定采用摄影的方法来完成这个作业。作者选取了综合材料艺术实验课程结束那天上午的 15 分钟时间来拍摄同班同学的表情状态,当时大家的作品经过了近 4 周的努力之后,都已完成或者接近完成,有的人取得了预想的效果而非常高兴,有的同学由于对自己的作品不满意而显得沮丧,有的同学则由于接下来的作品展览及评讲而显得紧张,作者轻快地按下快门,作业就这样诞生了(见图 4-134)。

作者的创作体验告诉我们,作品的创作有时候并不是枯燥而辛苦的,它有可能是轻松而随意的,但这绝不是简单的拼凑或模仿,而必须建立在对课题的深入理解之上,同时又必须有对生活敏锐的体察和感悟。有的同学拿到课题之后,喜欢立刻找材料进行实验,而留给自己对课题进行深入思考的时间相对较少,这件作品无疑给了我们有益的启示。

3. 覃荣娜 《面孔》

图 4-135、图 4-136 中作品选用了火柴、钢丝网、纽扣、陶瓷、木板等材料构成。在制作的过程中遇到的问题是怎样使为数众多的火柴牢固快速地粘合在一起。最先是将火柴一根根涂上白胶进行粘结，这样的方法较好地控制了造型的细节表现，但这种方法速度太慢并且白胶不易干燥。后来将火柴摆放在模具内，而在火柴后面涂刷胶水，这种方法速度较快，但是其致命的缺点是由于造型只在后面有胶水，强度不够，火柴容易散开，即使在背面再贴敷纸张也无济于事，并且在作品一些局部，胶水会流到底下去，破坏造型的局部细节。最终还是采用了第一种笨方法，可以说一件好作品的完成不仅使作者在艺术思维和动手能力上得到了强化和锻炼，同时也是对作者耐心和细心的考验。

图 4-135　面孔　木板　火柴　铁丝网　纽扣　陶瓷等　覃荣娜

图 4-136　覃荣娜作品制作中

其他关于"面孔"的作品见图 4-137~ 图 4-148。

图 4-137　面孔　木板　陶瓷　毛线等　赵焱

图 4-138　赵焱作品局部

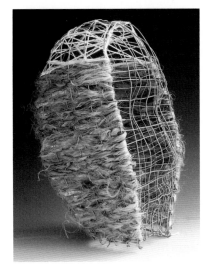

图 4-139　面孔　铁丝网　麻绳等　杜曼

图 4-140　面孔　陶瓷　金箔　晋丽

图 4-141 面孔 陶瓷 钉子 纤维等 王维

图 4-142 面孔 不锈钢餐具 黄冬

图 4-143 面孔 钢筋 布 孟婷婷

图 4-144 面孔 陶瓷 余雪莲

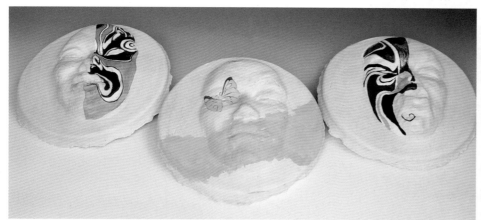

图 4-145 面孔 陶瓷 王群

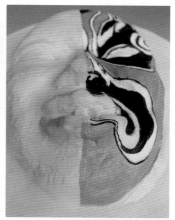

图 4-146 王群作品局部

图 4-147 面孔 陶瓷 金箔纸 吴杰

图 4-148 吴杰作品局部

课题九　废旧的再创造

◆ 课题阐释

艺术创作对于材料的使用是没有固定的范畴的,材料本身并没有艺术性,只是不同创作者的思想赋予了它独特的个性,现代艺术的发展历史很好地诠释了这一点,整个现代艺术的发展,实质上就是对材料的使用不断拓展范围的过程。我们生活当中的各种材料,包括一些废旧材料,都可以作为艺术创作的媒介使用,这一点在现代艺术史上已有众多的作者和作品得以证明,如上世纪五六十年代风行一时的"废旧艺术"或"垃圾艺术"就是很好的例证(见图4-149、图4-150)。

我们这个课题的目的就是培养学生对事物、对美的敏锐观察能力,要有一双善于发现美的眼睛,从平常中抽象出不平常,从一般当中得出个别,从生活中抽象出艺术,所有这些正是我们"废旧的再创造"课题实验的目的所在。

图 4-149 Michael McMillen Zonecactus Protect Us 金属 木板 石膏等

图 4-150 木质旧车轮的构成

图 4-151　木桶图说　木桶　海报等　张琳莉　　　　　　　　　　　　图 4-152　张琳莉作品局部

1. 张琳莉 《木桶图说》

以下是图 4-151、图 4-152 的作者与老师在《木桶图说》创作过程当中的教学对话。

张琳莉：在我租住的工作室围墙外面有两只房东已经弃之不用的木桶，我喜欢它们古朴沧桑的感觉，就把它们提到室内清理干净摆放起来，老师今天布置课题之后，我想结合"废旧的再创造"这个课题，利用这两只木桶来做一些处理，但现在感觉漫无目的而无从下手。

老师：实际上你发现了一种很好的现成材料，废旧的木桶本身就具有很好的时间感，同时，木桶又具有一定的人文意义和中国传统文化含义，我建议你用一些代表西方流行文化的符号来与木桶发生关联，应该会有比较强烈的反差对比效果。

某同学：木桶在中国是用于承装饮用水的，与人们的饮食息息相关，是不是可以使用西方的快餐文化符号来进行表面的装饰处理呢？这样可以使表面的装饰处理与木桶本体之间不至于太脱节，而起到协调统一的作用。

老师：这个建议比较好，可以进行一些这方面的试验，但一定要注意构图以及色彩的搭配要与木桶本体协调。

张琳莉同学最后完成的作品采用了拼贴以及绘画相结合的方法进行木桶表面的处理，其中在与木桶本体的协调性方面采用快餐符号的作品明显要比采用电影海报等流行文化符号的作品更好一些，这种装饰载体与表面装饰之间的协调统一关系是必须要严谨对待的，任何艺术作品的创作在严格意义上讲都应该不是随意的，它有严谨的内在逻辑和规律在里面。

2. 赵玉春 《达摩克利斯之剑》

图 4-153　达摩克利斯之剑　绘画作品　Richard Westall

"达摩克利斯之剑"源自古希腊神话，狄奥尼修斯国王请他的大臣达摩克利斯赴宴，命其坐在一根悬挂于马鬃上的寒光闪闪的利剑之下，由此而产生的这个外国成语，意指人处于危机状态（见图 4-153）。

作者对当前社会及科技的发展持一种谨慎的态度，认为科技并不能解决所有的问题，人内心的平衡才是最为重要的。当前科技发展日新月异,但它并不能给人性带来什么好的变化,反而促使人类更加丑恶和贪婪,作者觉得电脑、机器和线路板正在把我们推向不可预知的黑暗当中去,就如同一柄悬于我们头顶的达摩克利斯之剑,时刻给我们警醒,促使我们重新审视自身(见图4-154~图4-156)。

从该作品中我们可以看出作者对机器和电脑所持的态度以及对现代文明的批判态度和对人类技术发展异化的担忧。

图4-154 达摩克利斯之剑
　　石膏 木板 麻绳 金属 线路板等 赵玉春

图4-155 赵玉春作品局部

图4-156 赵玉春作品局部

3. 方静 《水壶》

图4-157中的作品体现的是一种纯粹的构成形式,并不存在任何的外延含义在里面,完全是一种轻松的创作态度。有的时候,过多的作品内涵反而会使人感到沉重,而轻松的、使人很快就可以看懂的作品往往会更有意义,更具有创作的难度,该作品就属于这一种,这无疑给课题的阐释提供了一个新的发展方向。

关于"废旧的再创造"的其他作品见图4-158~图4-170。

图4-157 水壶 旧风扇 弹簧 塑料等 方静

图 4-158　T-shirt
　　　铁丝网　布　邵红艳

图 4-159　服装秀
旧时装模特　铁丝网　布
陶瓷　金属环等　白雪

图 4-160　白雪作品局部

图 4-161　茶具　陶瓷　金属　赵挺祺

图 4-162　我的棋局　玻璃　围棋子等　范秋云

图 4-163　范秋云作品局部

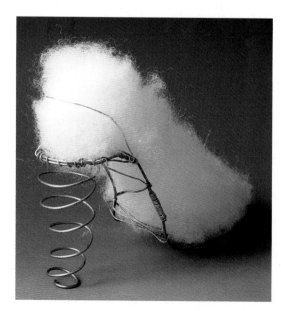

图 4-164　鞋子　铁丝　棉花等　葛文静

图 4-165　内容与形式　玻璃瓶　麻绳　树叶　纸币等　赵克

图 4-166 赵克作品局部

图 4-167 高温后的暖水瓶 塑料 灯泡等 李典

图 4-168 无题 石膏 金属等 冯菲

图 4-169 相食 蚌壳 乒乓球等 黄海红

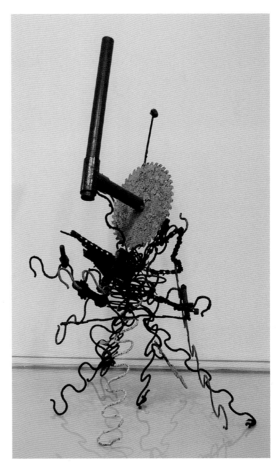

图 4-170 无题 金属 冯立亚

图 4-171 末日 纸壳 塑料板等 潘幸月

图 4-172 潘幸月作品局部

图 4-173 无题 木板 金属 纽扣 纤维等 兰佳荔

图 4-174 兰佳荔作品局部

课题十   其他自选课题

在课程教学的过程中,有些同学对于老师发放的课题并不十分感兴趣,因此自选课题这个机动作业的布置是十分必要的,它可以最大限度保持学生的创造力和学习的积极性,由此也产生了一批较好的作业。

1. 潘幸月 《末日》

看了《后天》、《未来水世界》等影片,不由得使人思考起世界的末日是什么样子。当今的人类,对自然无休止的掠夺和破坏,人与人之间的关系紧张而冷漠,争斗、犯罪和战争几乎无时无刻不在发生,对功利的追逐使人几近丧失了本性。

这件作品想表现的是一种末日的气氛,希望能对我们的生活方式和社会行为有所警醒。作者使用了装鸡蛋的纸板和泡沫 KT 板两种简单的材料,装鸡蛋的纸板反过来看很像一个个的小坟头,与十字架的组合营造出了一种肃杀的阴森气氛,黑白两色的对比也使作品整体更加醒目和富有冲击力(见图 4-171、图 4-172)。

该作品体现了作者对人类社会发展的态度和深深的忧虑,作品对色彩的运用相对比较成功,但缺点是作品的尺寸太小,并且缺少了装置作品所必要的环境氛围烘托,应该多进行这方面的思考。

2. 兰佳荔   无题

每一个方块的色彩和组合方式都代表了作者制作它们时的不同情绪感受和心理变化,在涂饰的时候作者对于色彩的调和搭配都是随机的(见图 4-173、图 4-174)。

该作品把其对点、线、面各种形式美感的组合凝固在了几十块彩色的木板之上,几十块木板整齐的排列形成了一种和谐有序的关系。该作品的制作花费了比其他同学相对多得多的时间,色彩的搭配调和、各种表面材质的粘贴、纤维的卷曲涂饰都需要认真和耐心,各种材料及色彩之间的关系都把握得比较严格。作品的整个形式越简单,其细节的处理就越发显得关键,这件作品较好地体现了这一点。

3. 李清 《衣服》

作者选择的课题切入点是自己对"衣服"的认知,在他看来,人的衣服除了驱寒保暖、遮蔽身体的功能之外,尚有与他人保持距离感的功能。在如今的开放和多元化社会,禁欲的年代早已成为过去,两性之间不是距离太远,而是距离太近了,而一定距离的保持才有助于美感的保持和吸引力的持久,因此作者使用了大量的针来作为女性身体的衣饰,就是为了强化这种认知。另外,这两种材质之间的虚实、松紧对比关系也有很好的形式美感(见图4-175、图4-176)。

其他自选课题的作品见图4-177~图4-184。

图4-175 衣服
　　　　石膏 针等 李清

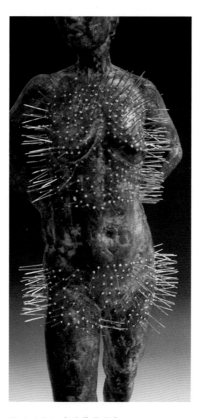

图4-176 李清作品局部

图4-177 旋转的陀螺 陶瓷 姚琛

图4-178 斧头 陶瓷 木 王培青

图4-179 进化 陶瓷 石膏 李飞

图 4-180 无题 木 金属等 赵琲琲

图 4-181 瓶子 石膏 玻璃瓶 干草 铜丝等 张丽娟

图 4-182 苹果的欲望 陶瓷 木 布 纸币等 刘卫庆

图 4-183 刘卫庆作品局部

图 4-184 网络蜘蛛 木框 线等 梁兴华

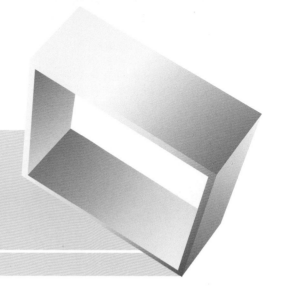

5 课程随笔

综合材料实验课程的教学至今已历四届学生,在近四年的教学当中,我们由对课程的粗通浅知到今天的自如熟稔,经历了一个学习和摸索的过程,获取了一定的教学经验,在平时的课堂教学和与学生的创作交流中,也有一定的教学感悟。在这里,我们把这些浅薄的经验和感知撰写出来,希望能对本课程的教学有一定的启示和帮助。

5.1 课程教学思路

中国传统的高等美术教育课程设置,大多注重对于造型能力的训练和对于技法的掌握。比如说,要培养一个油画专业的学生,必须进行大量的素描、速写以及各种油画技法方面的练习;一个雕塑专业的学生,必须进行大量的泥塑浮雕、圆雕、胸像、人体、着衣人物等方面的练习。上百年来,这些专业的课程设置并没有相应的变化,我们几乎仍在延续着我国传统美术教育的模式,这样的课程设置对于培养学生的造型基础和专业技法能力来说,是无可厚非的,但是这样的课程设置和教学也有它相应的局限性。首先,它并没有解决艺术的本体命题,艺术是不是只按照一个方向前进?其次,没有倾向性和当代性。在现代艺术已经高度发展的今天,我们的艺术教育并没有从根本上牵涉这方面的内容,无论是课程的设置还是平常的创作导向都缺少与当今社会诸方面问题的联系。最后,这样的课程设置,缺少对于学生个人创造性思维的培养,这种教学思想和培养模式有待改革创新。我们知道一个合格的艺术家或者设计师,不仅需要有对本专业领域内各种基础要素的娴熟掌握能力,还应适应社会、时间以及艺术自身的发展需要,使自己的作品具有当代性,并且能够在自己的作品当中有自己的创造性思维的体现,有自己的个人理解,而综合材料艺术实验课程的教学,正好对这几个方面有所裨益。

我们的教学思路比较明确,首先,我们的课题设计力求创新,力求课题的设置使学生的创作思路能够具有更大的发挥空间,并且鼓励学生通过各个课题的延伸阐释及对各种材料的综合利用来体现作者对社会、对生活、对人生各方面的理解。

我们的高等美术教育课程教学,如今在各个美术院校之间存在着较大的差异,从近年的毕业作品来看,学生毕业创作有了较强的实验性和当代性特征,就油画、雕塑、国画、陶艺等专业设置本身或技法本身来说,并无所谓传统还是当代,完全可以学好传统的技法来表现当代性和实验性,判断一件作品是否具有当代性,是在于它的表现内容和由此体现出的艺术家的内在状态,而并不在于它的内在技法,要在作品当中体现出当代性和实验性,关键是要对传统的审美标准和审美方式加以消化延伸。审美方式是千变万化的,各个时期的审美观点也势必不同,这已由美术史的发展历程所证明,在此无须多言。当然,艺术及审美方式的发展并不是像人类社会发展的几个阶段一样具有较为明显的界限,传统的艺术以及审美习惯仍有其深厚的根基,从当前的美术状态来看,它与当代艺术及实验性艺术一起是并行发展的,并不相悖,如今的美术创作是多元化的,这毋庸置疑,无论是当代艺术还是传统艺术都有其创作群体和固定的受众。

我们综合材料艺术实验课程就本身而言,就是适应当代实验艺术发展而改革调整出现的新课程,它从审美观念、创作方法和媒材使用上都是紧紧围绕着对传统技法课程教学的变革而进行的,表达了一个现代人、一个艺术家对艺术发展进程、现代社会生活状态的看法。在具体的课程教学当中,我们要求学生着重注意了解和关注当代艺术的发展倾向,通过对课题的发展阐释在自己的最终作品中体现出这种当代性。这门课程,实际上就是当前仍注重传统技法训练培养的美术教育的一个窗口,通过这个窗口,使学生能够接触和了解当代艺术,为自己的创作注入新的血液。

其次,课程训练方法、时间的安排和对于学生创造性艺术思维的启发具有科学性和逻辑性。

传统美术教学最通常的训练方法是拿已经创造好的样式、语言和媒介进行教学,这种模式套路对于学生的专业基础训练来说无疑是有益的,但却削弱了对学生艺术创新能力的培养,教学的过程百年难得一变,作业的布置也几乎是一成不变的,在这样的过程当中,往往造成学生的创造能力低下,作品的面貌千篇一律,雷同现象严重,这其实是我国目前美术教育中普遍存在的问题,不仅体现在纯艺术专业中,在一些设计类专业中也是如此。在综合材料艺术实验的课程教学当中,我们尤其注重对于教学方法的改进和研究,相比其他门类的美术教学,综合材料艺术实验课程并不强调一种强制的接受过程,当然对所选择材料的熟知和必要的加工手段、方法的掌握是必需的。其教学方法的独特之处主要体现在课题的设计和课程的科学安排上,课题的设计布置必须使学生有很大的发挥创作空间,要有可以向实验性艺术靠拢的倾向,这对于进行课题设计和讲解的老师来说,要求就比较高,教师必须使自己站在当代艺术的前沿,并对课题各个可能的延伸方向有相当的了解和预知。在以课题作业为主的教学方案中,我们还设计了一些相应的材料专题训练和一些针对个人情感表达、主题表达、形式表达方面的训练,在上一章中我们已经对这些课题作了阐释,并对部分学生作业进行了分析,形式虽然多样,但突出的仍是对艺术本体命题的理解和掌握,从最后的学生作业效果来看,这种教学方法无疑是可行的。

在相对较短的四周教学时间里面,我们的课程安排没有填鸭式的教学过程,整个过程都是自由的,这种自由不仅表现在教师对于整个课程时间掌控的自由,也表现在学生对于整个学习时间安排的自由。我们的课程安排遵循了"了解课程→课题阐释→创意草图→材料实验→课题作业调整完成"这样的一个过程。在课题阐述完毕之后,学生必须提出自己的创作方向,以草图或者图纸的形式将其固定之后,必须把剩余的时间拟定一个实验制作时间表,后面的一切工作必须按照这个时间表进行,这样的课程时间安排使学生完全成为整个创作过程的主角,可以充分发挥学生的主动性和创造能力。

最后,课程注重对学生个体创造性思维的培养和作品个性的深化。传统的教学方法,在取得一定教学成果的同时也带来了一些问题,风格、语言、技巧都易趋于雷同化,甚至在主题的选择,观察世界与生活的切入点上也趋于雷同化,这是传统美术教育比较明显的弊端。学生的个体创造性思维并没有被完全发掘出来,这等于扼杀了艺术的生命力,艺术需要个人独特的思维和理解,艺术教育如何达到这一目标,当然有多种方法,这有待我们作深入的研究。以材料实验和课题作业为中心的综合材料艺术实验课程,无疑是当前最为有效的方法之一,每个学生对课题的理解和深化、对材料的选择运用都是自由的,在整个学习过程当中,个性及创造性有着足够的容纳空间,这个容纳空间不仅包括宽松的课堂环境,还有教师的引导性教学和自如的时间安排。由此在最终课题作业和创作实验作品中所体现出的创造性、想象力和个性之鲜明,时间证明比其他的课程具有更多的优越性。

在具体的课程作业及材料实验的过程当中,教师一定要注意点燃学生创造力的火花,并鼓励和帮助他们对自己的想法加以深化,尽管有些思路可能是幼稚且初级的,但对于学生来说,这是一个崭新的开始,鼓励在这里始终是必需的,这是培养学生创造性思维所必须注意的一个重要环节。

5.2 课程教学进程

综合材料艺术实验的教学时间为4周,64学时,如何在这较短的时间内完成教学任务是一个比较难的课题,因此,科学而又紧凑的教学时间安排是必需的。下面就根据我们几年来的教学经验加以分析,希望能对"教"与"学"都有所启示和帮助。我们将整个课程的授课方式和教学内容主要分为以下几个部分:

① 上大课。第一部分讲解综合材料艺术实验课程的教学目的和倾向性,以及其与传统立体构成课程的区别,使学生对课程有一个直观的了解;第二部分结合幻灯及图片资料阐述材料的发展过程及其在艺术作品当中的运用,尤其注重讲解现代艺术出现之后,在纯艺术及现代设计领域对材料的综合运用;第三部分,初步介绍各种常用艺术材料的特征及其在艺术作品当中的使用。要求学生做笔记(见图5-1)。

② 发放课题，阐释各个课题的基本概念及其可能的外延方向，使学生的思维能够被课题调动起来。在这当中，教师对课题的设计以及深入的了解就显得非常重要。教师在设计课题伊始，就必须把课题的内涵和可能的外延思考透彻，否则在具体的讲述和后面对于学生作业的评析当中难免会有顾此失彼之嫌，因此大量的资料积累和阅读在备课时是必需的。

③ 创意的产生和草图的绘制。在课题发放之后，学生们虽然看了不少，听得也多，但通常并不能马上进入状态，这时需要启发他们深化对主题的理解，教师与学生之间的个别交流是必不可少的过程。在这个过程中，学生需要勾画细致准确的创作草图，教师则需要发现和肯定他们在对具体课题理解过程中所产生的火花，尽快使他们抛弃先入为主的审美标准和思维模式，使学生的创作意图得以初步确立和完成。

图 5-1　上大课是必不可少的环节

④ 教师介绍和演示一些材料的具体加工和装饰手法，这个步骤往往是与第三个步骤穿插同时进行的，因为一些材料的加工手段及结果往往会促使学生创意的产生。如金属的切割、焊接、打磨，蜡的熔制，石膏的调制，模具的翻制，木工的各种加工工艺，纸浆的制作、石材的加工等，让学生根据自己的创作意图和所选材料进行加工处理，并且逐步完善自己的创作设计。因为在构思阶段，在未接触具体的材料之前，学生的创作草图往往会存在诸多的问题。另外，如果有的学生在此阶段仍然没有完全确立自己的创作方向和草图的话，可以先让学生来动手接触材料，进行一些材料实验，一些好的作品往往就是通过对材料的感知而产生的。

⑤ 草图的评析和修改。集中评讲每个学生的草图或者图纸，每个学生的讲评时间为 10 分钟，3 分钟左右的时间为自述时间，另外 7 分钟的时间为评讲、提问和修改时间，要求每个学生都必须讲述自己的创作意图及材料的选择使用和加工制作方法，全班同学围绕着他的主题以及加工诸方面提出肯定或者修改性意见，由教师做总结性发言，肯定其正确的部分，分析其草图中可取但是还有待完善的部分，对不足的部分提出修改意见或者提供解决的方案，由学生来选择思考，鼓励学生注重材料实验过程中的收获，而不是仅仅注重课程后期的作业效果。学生们的评论和老师的讲评非常重要，这可以使学生有充足的信心来应对创作的过程，并且可以在这个过程当中少走一些不必要的弯路。这个步骤通过近年来的教学来看，效果是非常明显的，它可以训练每个学生的表达能力和思维能力，可以营造一个活跃和轻松的课堂学习氛围，并且最重要的就是它使学生相对模糊的创作思路及对课程的概念得以确立，有助于后面创作的顺利实现（见图 5-2）。

⑥ 材料的加工实验过程和作业的完成。这是课程最为主要的部分，也是占用学时最长的部分，学生们针对自己的创作意图所选择的材料进行加工实验，并针对材料加工实验的过程和结果对创作进行微调，以使最终的作品更加完美地表达自己的意图（见图 5-3）。

图 5-2　教师对学生草图的讲评是一个非常重要的教学环节

图 5-3　工作室一角——正在制作的同学

由于各个同学的创作思路不相同,所选用的材料更是五花八门,加工的手段自然也是各不相同,这就要求教师对一些遇到加工困难的同学做出针对性的示范或者提出一些加工的方法或者建议,整个过程当中一定要强调加工过程和方法的严谨,不可过于随意,要严格地按照自己的创作意图或图纸来进行,有的材料如果在加工制作的过程中发现并不具备加工的可能性,可以与老师探讨进行更换或者使用其他材料进行表面效果的模仿。

⑦ 作品的总结评讲和展览。学生的作业在加工完毕之后,在课程的结束阶段要进行一个为期3~7天的课程作业展览。作业的展览可以使学生的学习成果展示出来,可以增强学生的创作自信,并可以通过展览,收集到各方面的评价信息,达到促进创作和交流的目的(见图5-4、图5-5)。

在展览的开始,老师要对每个学生的作业进行讲评,肯定作业当中的成功方面,指出创作当中的不足,提出改进的建议,留待以后的创作当中加以注意,这是一个非常重要的教学步骤,因为课程在学时数上好像已经结束了,但整个教学的过程并没有结束,这可以使学生明确自己的得失,强化课程的学习效果,使学生的艺术创作能力得以提升。

图 5-4 课程结束之后刚布置好的展厅

图 5-5 展览时的讲评

结 束 语……

　　不知不觉,综合材料艺术实验课程的教学已经进行了 4 年有余,翻看着学生们留下的作品资料,每件作品创作的过程都历历在目,尽管这些作品仍然稚拙,但其中显现的创作思想和设计意识的转变却在后来的课程和创作当中明显地传达出来,课程的教学得到了更为广阔的延伸和深化。每当看到这一点,我们就由衷地感到高兴。记得在课程开设之初,我们所需的工具及材料都不甚齐全,同学们只能利用学校周边的资源进行材料的加工和作品的创作,久而久之,学院周围的木工师傅、焊接工人等甚至都能喊出我们老师和学生的名字,在此向这些帮助过我们的人表示感谢!

　　在课程教学的过程当中,我们深刻地体会到老师与学生之间是一对互动体,每一个学生的思想、智慧、创作激情都闪烁着个性的光芒,我们常常被学生的创作态度和热情所感动,常自问:是我们给了他们什么?还是他们给了我们什么?老师要时刻面对学生这面镜子来警醒自己,以免陷入思想陈腐的泥潭而不自知。

　　艺术是不断向前发展的,它应该是鲜活、敏感且有生命力的,我们的艺术教学也应是如此。这本书就是我们近年来教学的一个阶段性总结,它的目的,并不是为了形成一本定论性的教材,而只是为了提供一种教学方法和模式,艺术教育如果有了规章制度和表格,也就宣告了其生命力的终结。在教学过程中,你所面对的是一个个迥然不同的个性,其思路和创作意图都不尽相同,课程的教学绝不能像教"1+1=2"那样强硬地进行灌输,面对一个个鲜活的艺术生命,我们能做的就是沿着每一个学生的创作思路去引导,利用自身的经验来对他们的创作加以完善和提出建议,无法预知的结果和多方面的选择使整个教与学的过程充满了乐趣。这才是我们这门课程,也是我们这个艺术教育职业的真正魅力所在。

编　者
2008 年 9 月

参 考 文 献

1. 张锡之主编. 设计材料与加工工艺. 北京: 化学工业出版社, 2004

2. 江湘云编. 设计材料及加工工艺. 北京: 北京理工大学出版社, 2004

3. 郑建启主编. 材料工艺学. 武汉: 湖北美术出版社, 2002

4. 江黎著. 椅子的变异——超越概念. 北京: 人民美术出版社, 2004

5. 滕菲著. 材料新视觉. 长沙: 湖南美术出版社, 2000

6. 邹烈炎编著. 来自自然的形式. 南京: 江苏美术出版社, 2004

7. (美)安纳森著. 邹德侬等译. 西方现代艺术史. 天津: 天津人民美术出版社, 1999

8. 陈心懋著. 综合绘画材料与媒介. 上海: 上海书画出版社, 2005

9. 许正龙著. 雕塑学. 沈阳: 辽宁美术出版社, 2001

10. 高明潞等著. 中国当代美术史. 上海: 上海人民出版社, 1997

11. 潘绍棠等编著. 世界雕塑全集. 郑州: 河南美术出版社, 1999

12. 孙志宜著. 失落与超越. 合肥: 安徽美术出版社, 1998

13. 邓焱著. 建筑艺术论. 合肥: 安徽教育出版社, 1999

14. 诸葛铠著. 设计艺术学十讲. 济南: 山东画报出版社, 2006

15. 中央美术学院编. 外国美术简史. 北京: 高等教育出版社, 1997

16. 白明编著. 世界现代陶艺概览. 南昌: 江西美术出版社, 1999